谣言粉碎机·食物向

餐桌上的明白人

果壳 guokr.com◎著

中国盲文出版社

图书在版编目（CIP）数据

餐桌上的明白人：大字版/果壳著. —北京：中国盲文出版社，2019.7

ISBN 978 - 7 - 5002 - 8842 - 8

Ⅰ.①餐… Ⅱ.①果… Ⅲ.①食品安全—普及读物 Ⅳ.①TS201.6 - 49

中国版本图书馆 CIP 数据核字（2019）第 007105 号

本书由果壳网授权中国盲文出版社在中国大陆地区独家出版发行大字版。版权所有，盗版必究。

餐桌上的明白人

著　　者：果　壳
责任编辑：李　刚
出版发行：中国盲文出版社
社　　址：北京市西城区太平街甲 6 号
邮政编码：100050
印　　刷：东港股份有限公司
经　　销：新华书店
开　　本：787×1092　1/16
字　　数：220 千字
印　　张：23
版　　次：2019 年 7 月第 1 版　2019 年 7 月第 1 次印刷
书　　号：ISBN 978 - 7 - 5002 - 8842 - 8/TS・122
定　　价：56.00 元
销售服务热线：（010）83190297　83190289　83190292

人人有台"粉碎机"

徐　来（果壳网主编）

"谣"，用《尔雅》中的解释："徒歌谓之谣。"只唱歌，而无乐器伴奏。随口唱唱的，所以古人常常"谣谚"并称。后来，这种"口头文学"被用来制作预言，也就是所谓的谶谣。再后来，谣又长出了各种枝蔓，收进各种上下左右前后古今的离奇故事。随口唱唱的，变成随口说说的。谣谚成了谣言。

科技领域是谣言的重灾区。这并不难理解，正如阿瑟·克拉克所说，任何足够先进的科技，都和魔法难辨差异。既然是巫魔一路，自然也就有了被叉上火刑架的资格，使人避之唯恐不及。然而，科技这玩意在日常生活中又不是想避就能避得了的。无论愿不愿意，它已经而且会继续改变我们的生活——只不过，科学话语的专业性、奇怪的创作冲动、复古思潮的影响、由不信任引发的阴谋论以及逐利的商业动机随时都可能给我们平淡无奇的科学生活使一个绊儿。

从这个意义上说，做科学传播就是不停地与那些科学谣言做斗争：食物相克、养生产业、食品安全、外星文化……

其时，正当果壳网草创。以唤起大众对科技的兴趣为主旨，以科技已经且必将继续改变每个人的生活为信念，我们建立了"谣言粉碎机"这个主题站，以期能以最直接的方式，介入公众最渴求、最希望得到解释的内容。

多年以来，中文互联网世界的信息洪流一直都脱不了"泥沙俱下"的评价。如何在这个局面下生产优质的、足以让读者信赖的内容，自然就成了果壳网及谣言粉碎机主题站工作的核心。

此前，在面对专业领域的疑惑时，大众媒介习惯于通过对专家的采访来梳理、解答专业问题。这个做法快捷、直接，对大众媒体来说或许是恰当的。不过，专家的答复很有可能会受到研究领域、答复准备等条件的限制，大众媒体在信源选择、内容剪裁方面也很有可能出现误差，所以，在实际操作过程中往往会出现疏漏，造成乌龙报道、瑕疵报道。"专家变成砖家"的结果，与此类报道关系密切。

◎科技话语的专业性使大众媒介和一般读者很难确切把握其中的微妙之处，再加上大众媒体在制造新闻兴奋点的时候，又常因为种种原因，有意无意地歪曲、掩盖、模糊一部分事实，造成误会。同时，由于媒体在新闻技巧上的疏漏，比如使用不当信源，对内容给予不当解读甚至误报，也会成为泛科技谣言的源头。

◎奇怪的创作冲动，说的是一种名为"钓鱼"的行为。造作者故意撰写包含伪术语、伪理论，但又符合一些人内在期许的文章，诱使后者转载、援引，起到嘲弄的效果。著名的"高铁：悄悄打开的潘多拉盒子"一文即是"钓鱼"的典范，在温州动车事故之后，它甚至被误引入公开报道。一些典型的搞笑新闻，比如《洋葱新闻》《世界新闻周刊》的内容，也曾经被媒体、网友误作真实信息引用。此外，还有一些科技媒体的愚人节报道，《新科学家》就曾遭遇此种情况。

◎复古思潮的影响表现为，人们更倾向于信任传统的观念与方法，而排斥新的或者自己不熟悉、没有听说过的方法。特别是当传统的观念和方法对实际生活并不产生恶性影响，或者成本很低时，人们尤其倾向于保守态度——各种"食物禁忌"即属此列。

◎由不信任引发的阴谋论，最典型的案例是各种灾难传闻以及与外星人、UFO 有关的流言。在此类话题面前，很多人将官方、半官方机构视为"信息隐藏者"，将科学报道者视为其同谋。在自然灾害之后，阴谋论横行的情况通常都会加剧。

◎逐利的商业动机造就泛科技谣言的案例，最著名的一个是发生在 20 世纪 80 年代。当时有谣言称，美国一家著名日化公司的圆形老人头像商标是魔鬼的标识。这个谣言给该公司造成了严重的负面影响。事后的调查发现，谣言的源头来自另一家公司的产品销售商——相关的诉讼一直到 2007 年才终于尘埃落定。

泛科技谣言的成因如此多样，所涉及的专业知识也面广量大，乍一看或许确实会让人产生目迷五色的无力感。不过，其实利用一些恰当的资源、方法，对相关信息进行简单检索、分辨，一样可以对流言的真伪略有心得，虽不中亦不远。

我们曾经如此描述"谣言粉碎机"的工作流程：果壳网的工作人员不厌其烦地将分析流言的全过程尽可能完备地记录下来，甚至让急于了解"最终结论"的读者看起来觉得有些冗长，在文章的篇末，我们也总是尽可能开列上相关的"参考文献"。这么做的原因只有一个——为不了解探索过程的读者提供一种线索，使之逐渐熟悉自行探索的工具和方法，最终实现人人有台"谣言粉碎机"的愿景。

道路看起来很漫长，但幸好它就在脚下。

谣言粉碎机工作人员名录

陈旻、李飘、宫珏、耿志涛、袁新婷、谢默超、龚迪阳、支倩、曹醒春

目　录

第一章　"危险"食物有真相

吃一只烤鸡腿，等于抽了 60 支烟？　/3

吃牛蛙会感染寄生虫吗？　/9

鱼浮灵，不是致癌催化剂　/15

吃鱼，要担心汞污染吗？　/19

一次性纸杯的第一杯水，该不该喝？　/28

解析牛奶致癌说：酪蛋白的谜团　/35

长时间嚼口香糖有害吗？　/41

薯条致癌吗？　/47

一次醉酒相当于轻度肝炎吗？　/52

长期喝豆浆会得乳腺癌？　/56

男人不能喝豆浆吗？　/62

胡萝卜吃多了会维生素 A 中毒吗？　/68

西红柿籽发芽：卖个"胎萌"而已，没那么可怕！　/73

洗豆子出现了泡沫？别害怕！　/79

吃一口鱿鱼相当于吃 40 口肥肉？　/84

可乐＋曼妥思，同食撑死人？　/89

第二章　健康"箴言"快终结

喝奶不如去吃菜，牛奶越喝越缺钙？　/97

蜂蜜能预防龋齿吗？　/103

"发物"会影响伤口愈合吗？　/107

炸鸡丰胸，男女皆宜？　/112

盘点有关食品营养与安全的误区　/117

糖尿病人不能吃水果吗？　/126

柠檬是治疗癌症的良药吗？　/131

量子共振信息水，到底有多不靠谱？　/138

用颜色判断鸡蛋营养不靠谱！　/144

以形补形？太牵强了！　/149

婴幼儿喂养误区：你的宝贝需要补钙吗？　/157

高钙奶更补钙吗？　/168

猪肝明目？悠着点！　/172

重口味的逆袭：吃盐越多越健康？　/176

牛奶与香蕉同食会拉肚子吗？　/183

空腹吃香蕉，会出问题吗？　/187

第三章　饮食窍门打不开

辨别毒蘑菇，民间传说不可信　/195

用蒜子检测地沟油靠谱吗？　/203

"5 秒规则"靠谱吗？　/209

水果，早上吃才好吗？　/214

生食更健康？　/219

胡萝卜一定要用很多油来炒吗？　/226

还在"以貌取人"分辨转基因？太不科学了！　/231

越吃越瘦的食物真的存在吗？　/242

家用臭氧机能去除肉中的激素和添加剂吗？　/247

雪碧真的能解酒吗？　/251

斑点脱落就是假鹌鹑蛋吗？　/257

第四章　轻松看待工业化

麦当劳虐鸡门：断喙是虐鸡吗？　/263

"假鸡蛋"真是假的吗？　/268

"麻醉鱼"是怎么回事？　/273

茶叶中检出农药能说明什么？　/277

浸出油不安全吗？　/283

无籽水果是用避孕药种出来的吗？　/289

一支雪糕加入 19 种添加剂，有必要吗？　/296

掉色的食物一定是染色的吗？　/300

农村自养猪肉：营养不高，安全隐患不低　/305

野味 vs 养殖：口感、营养、安全大比拼　/312

甜玉米是转基因玉米吗？　/318

不能留种的作物都是转基因的吗？ 　　/324

如何看待黑龙江大豆协会对于转基因大豆的指责？ 　　/331

"转基因作物里发现未知微生物"是怎么回事？ 　　/348

第一章

"危险"食物有真相

吃一只烤鸡腿，等于抽了 60 支烟？

ZC

流言：经过三年的研究，世界卫生组织日前评选并公布了健康食品和垃圾食品，垃圾食品中就有烧烤类食品。烧烤类食品的危害主要有三：一是肉的营养素被破坏，蛋白质变性；二是烧烤产生"苯并芘"高致癌物，可蓄积在体内；三是吃一只烤鸡腿就相当于抽 60 支烟！

❧ 真相 ❧

一只烤鸡腿的毒性居然等于 60 支香烟？结论居然还是世界卫生组织（WHO）研究出来的，这让喜欢吃烧烤类食品的人情何以堪啊！烤鸡腿真有这么"毒"吗？

流言来自何方？

这个在中文网络中传播甚广的流言，来自一个传播得更广的流言——"世界卫生组织公布全球十大垃圾食品"。不管是用谷歌还是用百度搜索，只要键入"十大垃圾食品"，就能找到大量的结果，"世界卫生组织公布全球十大垃圾食品"赫然在列。其内容大致上就是列出油炸类食品、腌制类食品、罐头食品、饼干、饮料、烧烤类食品、果脯蜜饯类、方便食品、汽水可乐类和冷冻甜品类这十类食品，并且一一罗列这些食品的罪状。这十类食品基本上囊括了现代食品工业的所有产品，给读者的核心信息就是：煮制的食物和新鲜蔬果是健康和安全的，而以现代食品工程技术生产的食品，几乎都是垃圾。

本流言就是出在"烧烤类食品"这项中，其罪状有三点：一是含大量"三苯四丙吡"，并注明这是三大致癌物之首；二是一只烤鸡腿相当于 60 支香烟的毒性；三是烧烤导致蛋白质碳化变性，加重肝脏负担。

在不同的网站中，这个所谓的"十大垃圾食品"榜单在细节上往往存在着差异。比如，新华网刊载的文章《健康提示：吃一只烤鸡腿等于吸烟 60 支》[1]中提到，世界卫生组织指出的是烧烤毒性等同香烟，而一只烤鸡腿等同 60 支香烟毒性的说法则来自一个美国机构。

这则流言在中文网络流传了多年，传播甚泛，但在所有的报道中，都只是打着世界卫生组织的名号，没有哪怕一家给出了信息的源头，连世界卫生组织官方网站的相关链接都没有。这一点非常可疑。

对此，谣言粉碎机调查员检索了世界卫生组织的官方网站，完全找不到相关的报道或者文件。甚至在英文网络中，也完全没有这方面的报道，虽然也有"10 大垃圾食品"（TOP 10 Junk Foods）这样的说法，可是其中所指的基本上都是快餐食品，和中文版本完全不符。作为世界卫生组织公布的消息，英文社区完全没有相关的消息是不合理的。

所以，结论是，这个"十大垃圾食品"的榜单并非出自世界卫生组织或美国研究机构。

一只烤鸡腿毒性等于 60 支香烟不符实

虽然流言中的说法不是出自世界卫生组织之类的权威机构，但这也并不直接代表流言是胡扯。那么单就内容而言，这种说法是对是错呢？

首先要指出，烤鸡腿和香烟里的有害物质种类差异很大，不能互相换算。但如果硬要换算的话，就从流言中所说的苯并芘入手吧，该物质在烤鸡腿和香烟里都有。

所谓的三苯四丙吡，其实就是 3，4 - 苯并芘（3，4 - benzo-pyrene），也叫苯并（a）芘。苯并芘是一种有 5 个苯环的多环芳烃，有苯并（a）芘［benzo（a）pyrene］和苯并（e）芘［benzo（e）pyrene］两种异构体，其中苯并（a）芘属于第一类致癌物，具有基因毒性，可以引起基因突变，已经明确了对人体有致癌作用。而苯并（e）芘是第三类致癌物，是否会致癌还属未知。下面所提苯并芘皆是指苯并（a）芘。

苯并芘广泛存在于环境中。火力发电、垃圾焚烧、汽车、香烟和烧烤食物都是其来源，是各国重点关注的化学物质之一。烧烤类食品在制作过程中确实会被苯并芘污染，然而，一只烤鸡腿中的苯并芘含量能比得上 60 支香烟吗？

不同烤制工艺对食物中苯并芘含量会有很大影响，但也不是无标准可循的。国家标准《GB 2762-2005 食品中污染物限量》中，对熏烤肉制品的苯并芘限量为每千克 5000 纳克①。常见的肯德基烤鸡腿，一个约有 100 克重（参见其官方网站上公布的食品营养成分表[2]），以此为例，如果你所吃的烤鸡腿被苯并芘污染得很严重，达到了国标规定的含量上限，那么其中的苯并芘含量约有 500 纳克。然而，并不是所有的烤鸡腿里苯并芘含量都会这么高。国外曾有研究[3]，以柴火烧制（wood burning）的烤鸡中苯并芘平均含量为每千克 400 纳克，用炭烧（disposable charcoal）的话苯并芘的平均含量可高达每千克 900 纳克。如果按上述两个数据来计算，一只烤鸡腿中苯并芘含量约是 40 纳克（柴火烧制）或者 90 纳克（炭烧）。

那么一支香烟中苯并芘含量有多少？

世界卫生组织在《欧洲空气质量指南》第 5.9 章 "多环芳烃" 中提到，现代香烟主流烟气（也就是吸入端的烟雾，燃烧端的称为支流或侧流烟）中含有的苯并芘大约是在每支 10 纳克，但支流烟气中的含量可以高达每支 100 纳克[4]。国内曾有研究者[5][6]检测了 20 种主要国产品牌香烟中主流烟气中的多环芳烃含量，其中苯并芘含量平均每支（16.6±

---

① 纳克（nanogram，简写为 ng，质量单位，1 纳克＝0.000001 毫克。——编者注）

4.6）纳克，最低每支 7.7 纳克，最高每支 25.3 纳克。

可见，一只烤鸡腿中的苯并芘含量，有时候是比不过一支香烟的，就算达到国标上限，也不过是约 5 支香烟的量，远远达不到 60 支。

并且，这还仅仅是以苯并芘来计算，香烟中已知直接危害人体的成分有 20 种，包括多种多环芳烃、亚硝胺、酚类、挥发性的醛类和酮类[7]，再考虑到各种有害成分的交互作用，烤鸡腿的害处与香烟相比，根本不能同日而语。

世界卫生组织在 2006 年发布的《食品污染物评估报告》（Evaluation of Certain Food Contaminants）[7]中整理了关于多环芳烃摄入量和基因毒性、致癌性关系的数据。其中，苯并芘可能产生毒性的平均值范围是每天 1.4～420 纳克。可以看到，不论是烤鸡还是吸烟，都在这个范围之内，但是你必须了解单位中"每天"所代表的意义。这个剂量范围内的苯并芘不是一接触就会致癌的，如果长年累月地接触这么多，就会有一定的致癌危险。一般人不会每天都吃烤鸡，但烟民往往是每天都吸烟的。如果以一周、一个月乃至一年来计算，鸡腿和香烟哪个危害更大，就不言而喻了。

结论：谣言破解。尽管烧烤并不是一种健康的烹饪方法，烤鸡腿中也确实含有苯并芘，但是说一只烤鸡腿有相当于 60 支香烟的毒性，夸大其危害性，则属于彻彻底底的造谣。另外，这个谣言使不少人轻视了吸烟的危害，如果你真对自己的健康那么介意，先把烟给戒了吧。要美味还是健康，选择权在你，但抽烟呼出的二手烟，可就不只是害你自己了。

参考资料：

［1］新华网：健康提示：吃一个烤鸡腿等于吸烟 60 支（图）.

［2］KFC Nutrition Guide. 2011.

［3］Reinik M，Tamme T，Roasto M，et al. Polycyclic Aromatic Hydrocarbons（PAHs）in meat products and estimated PAH intake by children and the general population in Estonia. Food Additives and Contaminants，2007.

［4］WHO Air Quality Guidelines for Europe. WHO Regional Office for Europe，2000.

［5］黄曙海，葛宪民，汤俊豪，等. 国产香烟主流烟雾中多环芳烃的含量. 环境与健康杂志，2006.

［6］谢剑平，刘惠民，朱茂祥. 卷烟烟气危害性指数研究. 烟草科技，2009.

［7］ JECFA. Evaluation of Certain Food Contaminants. Geneva，2006.

吃牛蛙会感染寄生虫吗？

山要

流言：漂亮的网友刘芳，三年前被诊断为大脑左侧额叶寄生虫感染。医生从她脑中取出长约 10 厘米的裂头蚴寄生虫。术后她患下症状性癫痫，经常突然倒地抽搐。这种致病寄生虫一般寄居在蛙类和蛇类体内，爆炒也不能将其杀死。刘芳可能是因为经常吃牛蛙火锅而患病，所以牛蛙控小心了……

❧ 真相 ❧

严格说来，裂头蚴（plerocercoid）并不是一种寄生虫的名称。它是某些种类的绦虫处于"中绦期"发育阶段的幼虫的总称。虽然还没有发育完全，裂头蚴在外形上已经与成虫颇为相似，而且由于运动能力很强，裂头蚴给寄生宿主带来的伤害常常要超过它们的成虫。

从流言中描述的症状以及发病原因来看，刘芳感染的很有可能是较为常见的曼氏裂头蚴。曼氏裂头蚴最早由苏格兰籍医生帕特里克·曼森（Patrick Manson）在中国厦门进行尸体解剖时发现，并因此得名。其成虫名叫曼氏迭宫绦虫，与知名度颇高的猪肉绦虫同属于绦虫纲。和很多其他种类的寄生虫相似，曼氏迭宫绦虫一生需要在多个宿主体内辗转，最终宿主主要是猫和狗，有时也会是虎、豹这类食肉动物。在这些动物的肠道内，迭宫绦虫的成虫可以寄生长达数年之久，并产生大量的虫卵。这些虫卵随着粪便进入自然界的水系中，随后孵化成为幼虫。在水中，幼虫被一种名为剑水蚤（第一个中间宿主）的浮游生物当作食物吞食，然后沿着自然界的食物链进入蝌蚪（第二个中间宿主）的体内。随着蝌蚪发育成为蛙，幼虫也发育到了"中绦期"，此时的幼虫就是我们所说的裂头蚴。最后，当染虫的蛙被猫狗等动物吞食后，裂头蚴就到达了它们的最终宿主体内。在那里，它们会发育成迭宫绦虫成虫并产下虫卵。除了最终宿主，裂头蚴也会随着蛙体而进入其他捕食者，比如蛇类的体内。在这些动物体内，裂头蚴能够存活并保持继续感染其他生物的能力，但却无法发育成为成虫。

感染裂头蚴的多种可能

迭宫绦虫的生活史告诉我们：不正确地食用蛙类、蛇类，像是未经任何处理地喝蛇血、吞蛇胆、吃凉拌蛇皮，或者误饮了被带虫剑水蚤污染的水，都有可能造成裂头蚴感染。此外，由于相信蛙肉具有"清凉解毒"的功效，有些人会用生蛙肉敷在伤口或者皮肤脓肿上面。这种没有科学依据的行为为裂头蚴通过皮肤进入人体提供了大大的"便利"。

在中国，超过半数的裂头蚴感染者都出于敷贴生蛙肉。另外，有些人还有生吞蝌蚪的"奇特"饮食爱好，这也容易造成感染。

人体并非迭宫绦虫或是裂头蚴的适宜宿主，但它们却可以给人体带来很大的伤害。尤其是裂头蚴，能在人体不同部位间穿行，可能带来的损伤遍布全身。由裂头蚴引起的疾病统称为裂头蚴病，根据发病的部位，又可以大致划分为眼部、皮下、口腔颌面部、脑和内脏五大类。在中国，眼裂头蚴病的发病率最高，症状也颇为恐怖，病人的眼部会出现肿块并伴随各种严重不适。如果裂头蚴侵入的部位是眼球，甚至可能导致失明。有时，裂头蚴会从患处"爬"出来，不少重口味故事中"眼睛里面爬出一条虫子"的情节大概就是源于这个症状。而刘芳患上的则是相对较少的脑裂头蚴病，这类疾病的症状和脑部肿瘤颇为相似，因此常常被误诊为脑瘤。脑裂头蚴病的危害同样非常严重，最严重可以导致瘫痪。

目前，治疗裂头蚴病的主要手段是手术取出寄生虫，治疗本身有痛苦、有风险不说，即使寄生虫被取出，人体可能还要继续承受病痛的折磨。比如刘芳所受的癫痫症困扰，就是一例。

安全食蛙三把斧

裂头蚴病的病症危害巨大且不易治愈，如何预防就成了关键。

对于大部分饮食习惯较为正常并且使用安全的自来水系统的城市人而言，既不太可能出现生吞蝌蚪和贴敷生蛙肉这样的高风险行为，也不太可能因为污染的水源而感染，因此预防的重点就在于饮食。

首先要管住自己的嘴，放弃对野生蛙类和蛇类的"爱好"。因为这两类野生动物携带裂头蚴的概率非常高。以杭州市以及周边地区的调查结果为例，高达 60% 的野生蛙类和蛇类的体内携带裂头蚴。在上海地区，研究人员曾经从一条野生大王蛇体内找出了将近 150 条裂头蚴。如此高的寄生率和寄生数量，自然会导致患病风险激增。此外，野生蛙类和蛇类还是自然界生态体系中的重要环节。放弃食用它们，既降低了自己患病的可能性，又保护了自然环境，何乐而不为？

其次要科学地处理食材。裂头蚴在自然环境中可耐受从 -10℃到 56℃的温度变化。在零度，也就是所谓的冰鲜保存条件下，它在宿主的肌肉组织内能存活几十天之久。裂头蚴对高温则相对较为敏感，体外培养、56℃的条件下基本坚持不过 5 分钟。

不过也有研究结果表明，寄生在食材中的裂头蚴对高温并没有这么脆弱。有人将含有裂头蚴的小块蛙肉（约 1 厘米见方）放置在 56℃的环境中。3 小时后，蛙肉中仍然残留着具有感染能力的裂头蚴。由此可见，用更高的温度将食材彻底煮熟才是真正安全的处理方法。爆炒、涮火锅等方法，往往无法将食材的某些部分彻底煮熟，很有可能无法彻底杀灭这类寄生虫。

除了加热，冷冻也是对付它的方法之一。有研究表明，-20℃下冷冻 2 小时可以杀死蛙肉中的所有裂头蚴。当然，冷冻法的效果除了和温度以及时间有关外，材料的大小也是重要影响因素。对于大包装的蛙肉或者蛇肉，-20℃条件下冷冻 24 小时更为稳妥。

再者，不要寄希望于任何调料。在处理食物时，人们也常常使用酱油、食醋和生姜汁这些调料。应当说，这几样调料对于裂头蚴确实有杀伤力，也确实可以降低感染风险。只是，根据研究数据，生姜汁不具备完全杀灭裂头蚴的能力。酱油和醋虽然可以彻底杀灭裂头蚴，但是操作的条件是将切得尺寸很小的食材浸于醋中至少 24 小时或者酱油中至少 6 小时。在现实的操作中，我们不太可能将食材切割得太小，也不太可能将食材放置在调料中如此长的时间。所以，光靠调料腌渍来杀虫并不是可靠的方法。

不少人喜欢边品尝食物边饮酒，也有人索性就把食材泡在酒里面来食用（比如蛇胆）。虽然酒类中所含的乙醇有杀死裂头蚴的作用，但是想要杀得彻底，却有诸多限制。例如研究结果显示，只有纯度为 60％ 的乙醇才能彻底杀灭食材中的裂头蚴，且浸泡时间至少 2 小时，食材的尺寸也必须很小。实际情况下，这些条件很难同时满足，因此喝酒杀虫也不太可靠。

结论：食用蛙肉确有可能感染可能危及脑部的裂头蚴病。但牛蛙不是野生蛙类，并不需要因为裂头蚴病而彻底放弃。选购经过合格冷冻处理的牛蛙，加上高温彻底烹煮，可以保证我们在享受蛙腿美味的同时不用为裂头蚴病而担心。

鱼浮灵，不是致癌催化剂

DRY

流言：菜市场上的摊贩会往大水盆内加入一种白色粉末，搅拌溶解之后，再将半死不活的鱼虾倒入其中。这时，那些半死不活的鱼虾就开始活蹦乱跳了，仿佛都是才从河中捕回来的。据说这种粉末叫鱼浮灵。虽有起死回生之效，却是致癌的催化剂，对智力也有影响。

❧ 真相 ❧

上述流言还有一个补充版本——只要加鱼浮灵，水体含氧量就会迅速增加。原本因缺氧，眼看着就要不行了的鱼，可以因此暂时延长生命。据说使用鱼浮灵的鱼体内铅超标1000倍，砷超标近10万倍，可能严重危害人的肝、肾、智力等，甚至可能导致恶性肿瘤的发生。

鱼浮灵是什么？

鱼浮灵是一类给氧剂的统称，其主要成分一般为过氧化钙（CaO_2）或过氧碳酸钠（$2Na_2CO_3 \cdot 3H_2O_2$）。这些物质可以显著增加水中的含氧量，被广泛应用于缺氧池塘急救与鲜活水产品运输。[1][2]

鱼浮灵的供氧原理相当简单，从它的俗名"固体双氧水"中就可见一斑。双氧水是过氧化氢（H_2O_2）的俗称，很容易分解为水和氧气。不小心磕破皮肤的时候，医生会用双氧水来给伤口消毒，可以明显看到伤口处会冒出来一些泡泡，就是氧气。

在其水解产物中，碳酸钠和氢氧化钙会导致水的 pH 值上升。而双氧水在碱性条件下，更容易释放氧气，从而提高水体的溶解氧。将鱼浮灵撒入养殖池或者活水产品运输水槽后，能迅速为鱼虾提供呼吸所必需的溶解氧，从而延长它们的生命，因为缺氧而萎靡的鱼虾也会因此活跃起来。

鱼浮灵会造成砷和铅严重超标吗？

从其成分和供氧原理来看，鱼浮灵本身在使用上是没有什么问题的。含有的钠离子和钙离子在日常生活中很常见（想想我们吃的盐和钙片）。低浓度的双氧水甚至被牙医用来为患者做口腔清洁，最后只需要用清水漱口就可以了，完全不影响患者的健康。而且双氧水会很快分解为水和氧气，也不会留下其他影响鱼虾以及消费者健康的成分。尽管鱼浮灵会将水体变为弱碱性，但不会对鱼虾和食用者带来明显影响。

那么为什么说鱼浮灵会使水体中的砷和铅严重超标呢？从理论上而言，这种说法有点危言耸听。但我们不能排除的一点是，有些不法商贩可能会使用工业级纯度的原料生产出来的过氧化钙或过氧碳酸钠来替代作为鱼药的鱼浮灵。在这种情况下，的确可能有引入重金属等有害成分的风险。

大多数过氧碳酸钠和过氧化钙是利用双氧水同钠或钙的碳酸盐或氧化物进行反应而产生的，生产工艺繁杂。[2][3]钙盐和钙的氧化物通常是由石灰石作为原料制得，其中确实可能存在重金属，不加以高度提纯的话就会残留其间。而纯度较低的工业双氧水也可能含有重金属或砷杂质。[4]

因此，为了对消费者负责，国家对鱼药的生产和使用的监管需要大力加强。既要保证市场上销售的鱼药是合格的，又要杜绝在鲜活水产品的运输和销售中使用不合格甚至是工业级纯度的鱼药的现象。

结论：正规的鱼浮灵在使用上没有什么问题，是一种安全而高效的给氧鱼药。如果使用不合格的鱼药，确实有可能带来有害的重金属和砷。因此我们更需要关注的是这些药物的质量以及市场的监管。此外，恶意地夸大事实和抹黑事实、煽动居民恐慌是很恶劣的行为。流言的补充版提到，对撒过鱼浮灵的鱼检验后发现"砷超标近10万倍"。而根据中国国家标准GB2762-2005，鱼类中的无机砷的上限是每千克0.1毫克。如果超标近10万倍，那么砷的含量就接近每千克10克，相当于这条鱼体重的1%都是无机砷了。10克的砷，作为重金属杂质中的一种，这要在水里加多少不合格的鱼浮灵才能达到呢？而鱼还要将这些砷都吸收进体内，并且要顽强地活下来，这是怎样的一种精神？

参考资料：

[1]顾宏兵. 如何使用化学增氧剂解救池鱼浮头. 农村经济与科技，2000.

[2]张亨，苏秉成. 过碳酸钠的生产和应用. 化学世界，1998.

[3]朱金伟，张金泉，李春玲. 过氧化钙的生产和应用. 陕西化工，1999.

[4]Robert E Meeker，et al. Hydrogen Peroxide Purification，1963. United States Patent Office，Patent number：3074782.

吃鱼，要担心汞污染吗？

青蛙陨石

流言：2012 年 8 月 12 日，有环保人士发布消息称，千岛湖内的野生鱼被检测出汞含量超标严重，一时引来众多网友关注。

❧ 真相 ❧

"千岛湖野生鱼汞含量超标"的消息，让大家的目光再次聚焦到自然水体和鱼的汞污染上来。说到汞污染，就不得不提日本的水俣病事件。1956 年，日本水俣湾的许多居民都得了一种怪病，患者轻则口齿不清、步履蹒跚、手足麻痹，重则精神失常，直至死亡。经过调查，怪病的罪魁祸首是当地化工厂向海洋中排放的汞，这些汞富集在鱼体内，并被当地人所食用和吸收，最终致病。这种病被以发生地的名字命名，称为水俣病。直至今日，水俣病一直被公认为是世界上最重要的环境污染灾害事件之一。[1]

如今，中国同样处于一个经济飞速发展、环境污染问题严重的时期，我们会不会也受到水俣病的威胁？鱼的汞含量超标能说明水污染情况严重吗？我们还可不可以吃鱼？如果吃鱼，又该怎样保护自己呢？多了解点关于汞在鱼体内富集的知识，或许能给我们一些启示。

水体中的汞是怎么进入鱼体内的？

众所周知，各种生物都处在食物链中不同的营养级，"螳螂捕蝉，黄雀在后"就是一个鲜活的例子。同样，在水生生态系统中，"浮游植物－草食鱼类－肉食鱼类"也构成了一个食物链。在这个食物链中，不仅物质、能量逐级传递，生物体内的污染物也是逐级传递的。由于高营养级生物以低营养级生物为食，难降解的污染物就随着低营养级生物进入到高营养级生物的体内，并且逐渐积累，最终导致高营养级生物体内的污染物浓度远超低营养级生物体内的浓度。这个过程称为"生物放大"（biomagnification）。[2]

汞（尤其是甲基汞）是典型的可经历生物放大作用的化合物。在美国威斯康星湖进行的观测表明，水中的有机质、浮游植物、浮游动物、小型鱼类的甲基汞浓度，分别是水体中的甲基汞浓度的 23、34、53 和 485 倍，可见甲基汞浓度随着营养级是逐渐提高的。[3]而且，甲基汞占总汞的比例分别为 11％、18％、57％和 95％，也呈现提高的趋势，这说明甲基汞是汞沿食物链传递的主要形态。同时，需要说明的是，甲基汞是汞对生物体有毒害的主要形态。人类是食物链的最高营养级生物。所以，人体内的甲基汞较鱼类更易达到较高浓度。

环境中的汞是食物链汞富集的源泉

那么，有哪些因素影响汞在食物链中的传递和富集呢？

环境中的汞是食物链中汞的主要来源。尤其是在一些省份（如贵州、山西、浙江、广西等），自然汞的背景浓度相对高[4]，必然导致水生生态系统的汞含量偏高[5]，甚至并不低于污染地区（千岛湖恰是这样一个例子）。而一项较新的研究发现，大气沉降的甲基汞并不长期在水体中停留，而是优先通过食物的形式进入到鱼体内[6]。这一发现对于偏远地区食物链汞富集的研究有重要意义，污染地区排放的甲基汞直接经过大气传输和沉降过程后就可能直接进入食物链，并增大生态系统安全的风险。所以，即使是污染并不严重的地区，食物链中的汞浓度仍可能保持比较高的水平。

当然，在污染地区，污染排放源的作用同样重要。例如，在松花江流域的主要汞排放源——吉林化工厂，于20世纪80年代初增添了汞处理设备后，松花江中的鱼的甲基汞含量从每千克0.5毫克下降到每千克0.1毫克[7]。这也是中国逐渐开始收紧汞排放标准的主要原因。

其他重要影响因素

河流、水库、海洋，这些水体中的鱼汞含量也不尽相同。通常认为不同水体中鱼汞浓度顺序为：海鱼＞湖鱼＞河鱼[8]。有数据显示，海洋中鲨鱼、箭鱼、金枪鱼的汞含量（每千克0.93～2.7毫克）高于陆地水生生态系统中的肉食性鱼类（每千克 0.006～0.062 毫克）[9]。同时，鱼在生态系统中的营养级也会影响其体内的汞浓度。比如在海洋中，处于较高营养级的鲨鱼是公认汞含量较高的鱼类[9]。从这个角度看，以鱼翅含汞高为名义宣传拒吃鱼翅是有道理的。

此外，鱼的年龄（长度）也会影响鱼汞含量。对西南大西洋中箭鱼的总汞含量研究发现，体重大于 100 千克的鱼体内总汞浓度达到平均每千克 0.94 毫克，而小于 100 千克的鱼体内平均汞浓度只有每千克 0.53 毫克[10]。陆地水生生态系统的研究也发现，鱼体内总汞或甲基汞浓度，往往与鱼的年龄和长度呈现显著的正相关关系[3][11]。也就是说，越大的、生长时间越长的鱼，其体内的汞浓度越高，从食用者的角度看，则对健康的影响越大。

关于水质对于鱼吸收汞的影响，目前已经有很多的研究。水中溶解性有机物（DOC）的浓度往往与鱼体内汞含量呈现显著正相关的关系[3][11]。一方面，这是因为水中溶解性有机物可以螯合无机汞，使其悬浮在水中，而鱼类主要通过进食的方式摄取汞，悬浮在水中的汞更易被鱼类摄取；另一方面，水中溶解性有机物可以促进无机汞向甲基汞的转化，从而使汞更利于被鱼类吸收。因此生物量丰富的水体中鱼类对汞的吸收效率更高。而水的 pH 值也与鱼体内的汞有显著相关的关系，其主要通过调节水中溶解性有机物对汞的螯合作用控制鱼对汞的吸收。

此外，湖泊面积、丰水期浸没面积、土壤和底泥特征等也都可能影响鱼体内的汞含量，这里就不再做详细说明。

结论：环境中的汞进入到鱼体内经历了一个复杂的过程，其间诸多影响因素都会影响鱼汞浓度。尽管汞污染排放是导致鱼体内汞浓度升高的原因之一，但我们不能简单地认为鱼汞浓度超标就是汞污染的结果。

中国的鱼汞现状

那么，在中国，鱼体内的汞含量到底处于什么水平呢？

从目前已发表的数据看，对于陆地水生生态系统，中国鱼汞含量呈现北高南低的趋势[8][12]，这可能与中国北方相对高的汞排放量有关。除山西、浙江、河北等少数鱼样品的汞浓度超过国内标准（每千克0.3毫克）和国际标准（每千克0.2毫克，世界卫生组织）外，中国大多数河鱼汞含量均未超标[8]。而对于海洋生态系统，南方海鱼汞含量要高于北方，且海鱼汞浓度（每千克0.09～0.36毫克）普遍高于河鱼（大部分样品小于每千克0.1毫克）[8]。

说起中国的鱼汞浓度，就不得不提一些污染地区。比如，贵州万山矿区河流鱼体内汞浓度为每千克0.06～0.68毫克，比中国的平均水平高一个数量级[13]。同样，污染较严重的东北第二松花江流域鱼体内的汞浓度最高值可以达到每千克0.66毫克[14]，说明该地区的汞污染并没有完全消除。

在中国，食鱼的汞摄入并不高

如前所述，因为中国的鱼汞含量大体上低于国内和国际标准，所以在中国食鱼的健康风险并不大。同时需要说明的是，食品安全标准设定的时候，考虑了每人每天的鱼摄入量，而在中国，鱼汞含量高的地区往往不是长期食鱼的地区，因此鱼汞的实际危害要比想象的小。以前面提到的汞污染较为严重的贵州万山矿区为例[15]，该地区居民每天食鱼平均摄入的甲基汞仅为 73 纳克，比食用稻米摄入的甲基汞（5600 纳克）低两个数量级。稻米摄入甲基汞占当地居民摄入的全部甲基汞的 96%，说明仅从汞摄入的角度看，鱼对健康的影响并不比稻米风险更大。当然，即使是在这种情况下，万山矿区也只有 34% 的人日摄入甲基汞的量超过了美国环境保护局的标准。

毛发和血液中的汞含量通常可以用来提示人体的汞含量水平。尽管此前的微博引用文献说明中国千岛湖鱼汞含量水平相对较高（每千克 0.01～2.2 毫克），但却忽视了论文[5]中给出的头发汞含量的数据——千岛湖周边以鱼作为主要食物的妇女，头发汞含量只有每千克 0.76 毫克（干重），远低于世界卫生组织的标准（每千克 50 毫克）。这说明中国鱼汞对人体健康的影响并不大。

此外，人体内的汞含量也不是一成不变的。美国一项令人振奋的医学调查发现，停止食用含汞高食物（鱼）后 8 个月内，妇女和儿童血液及毛发中的汞含量下降了一个数量级[16]，说明在不持续食用高汞食物的情况下，人体对于汞的毒害还是有一定的自我保护或者自我调节能力的。

面对鱼汞污染，我们该怎样保护自己？

汞污染是一个很大的问题，需要多方面协作系统解决。尤其是在中国，除了工业污染外，有些地区（如贵州）自身就具有比较高的背景浓度，这就需要我们学会如何保护自己。那么，我们能做什么呢？

最关键的一点是增加食物的多样性，不偏食。不同食物中汞的含量不同。不偏食不只是保证营养均衡，而且可以保证汞及其他污染物有足够的时间排出体外。尤其是南方或者沿海以鱼为主要食物的人群，应尤其注意多吃蔬菜等汞含量较少的食物。

在食鱼时，最好避开海鱼，这样可以减少汞的摄入。尽量多食用草鱼等以植物为食的鱼类，少食用鲶鱼、鲨鱼等肉食性鱼类。

一点小小的建议：不要为了"猎奇"去捕食珍贵的野外鱼类。没有人类活动的影响，一些偏远地区（如西藏）水体中的鱼类往往具有比较长的鱼龄，其汞含量可能比池塘养殖的鱼还要高。

参考资料：

[1]刘培桐，薛纪渝，王华东. 环境学概论（第 2 版）. 高等教育出版

社，1995.

[2]王晓蓉. 环境化学. 南京大学出版社，1993.

[3]Watras C J，Back R C，Halvorsen S，et al. Bioaccumulation of mercury in pelagic freshwater food webs. The science of the total environment，1998.

[4]中国环境监测总站. 中国土壤元素背景值. 中国环境科学出版社，1990.

[5]Fang T，Aronson K J，Campbell L M. Freshwater fish-consumption relations with total hair mercury and selenium among women in Eastern China. Archives of Environmental Contamination and Toxicology，2012.

[6]Harris R C，Rudd J W M，Amyot M，et al. Whole-ecosystem study shows rapid fish-mercury response to changes in mercury deposition. PNAS，2007.

[7]Feng X. Mercury Pollution in China-An Overview. In：Dynamics of mercury pollution on regional and global scales：atmospheric precesses and human exposures around the world. Springer.

[8]Zhang L，Wong M H. Environmental mercury contamination in China：Sources and impacets. Environment International，2007.

[9]Penedo de Pinho A，Guimaraes J R D，Martins A S，et al. Total mercury in muscle tissue of five shark species from Brazilian offshore waters：effects of feeding habit，sex，and length. Environmental Research（A），2002.

[10]Mendez E，Giudice H，Pereira A，et al. Total mercury con-

tent—Fish weight relationship in swordfish（Xiphias gladius）caught in the Southwest Atlantic Ocean. Journal of Food Composition Annal，2001.

[11]Belger L，Forsberg B R. Factors controlling Hg levels in two predatory fish species in the Negro river basin，Brazilian Amazon. Science of the Total Environment，2006.

[12]Zhou H Y，Wong M H. Mercury accumulation in freshwater fish with emphasis on the dietary influence. Water Research，2000.

[13]Qiu G，Feng X，Wang X，et al. Mercury distribution and speciation in water and fish from abandoned Hg mines in Wanshan，Guizhou province，China. Science of the Total Environment，2009.

[14]张磊，王起超，邵志国. 第二松花江鱼及蚌汞含量现状及演变规律. 生态环境，2005.

[15]Zhang H，Feng X，Larssen T，et al. In inland China，rice，rather than fish，is the major pathway for methylmercury exposure. Environmental Health Perspectives，2010.

[16]Hightower J M，Moore D. Mercury levels in high-end consumers of fish. Environmental Health Perspectives，2003.

一次性纸杯的第一杯水，该不该喝？

ZC

流言：一次性纸杯的内壁上通常涂了一层薄薄的蜡，如果水温超过了 40℃，蜡就会溶化，因此一次性纸杯最好用来装冷饮。此外，使用一次性纸杯时，第一杯水最好不要喝，最好等四五分钟后将水倒掉，使纸杯中有害物质充分挥发。

真相

我们先来梳理一下这个流言的要点：（1）纸杯内壁都通常有蜡。（2）这些蜡超过 40℃ 就会融化。（3）根据（1）、（2），推出纸杯不能装热饮。（4）纸杯内含有害物质。（5）用水浸泡纸杯四五分钟就能充分去除有害物质。（6）根据（4）、（5）推出纸杯装的第一杯水不能喝。这些要点并非全是虚言，其中有涉及一些事实，但更多的是错误的认识。要想分析这个建议的对错，首先需要对一次性纸杯有一个基本的了解。

从纸杯的种类说起

"一次性纸杯的内壁上通常涂了一层薄薄的蜡",这句话只能算说对了1/3。

目前国内的一次性纸杯根据用途可以分为三种:冷饮杯、热饮杯及冰激凌杯[1]。而根据纸杯的涂层也可以将纸杯分为三种:涂蜡杯、聚乙烯涂膜杯及直壁双层杯[2]。

涂蜡杯就是类似流言描述的那种纸杯,表面涂有一层用来隔水的蜡;聚乙烯涂膜杯则是在杯壁覆盖有聚乙烯薄层;直壁双层杯的杯壁有两层纸,纸之间有空气填充,隔热性能好。

因为蜡遇热会融化,所以涂蜡杯只能用作冷饮杯。如果要装热饮的话需要再加一层乳液,直壁双层杯用的就是这种涂层。双层杯隔热性好,所以常用做热饮杯和冰激凌杯。聚乙烯涂膜杯则是新工艺,优点是冷饮和热饮都能够应付自如,并且表面更光滑,杯子外面能够方便印刷精美的图案,所以备受快餐行业青睐。

可以说,目前聚乙烯涂膜杯已经是主流纸杯产品了。不过在纸杯的行业标准中依然包括了涂蜡纸杯[3],并且这类纸杯的研究工作还有人在做[4],因此消费者还是有机会接触到涂蜡纸杯的。

超过 40℃就融化？那肯定不合格

根据纸杯的行业标准《QB 2294-2006 纸杯》① 中对纸杯性能的要求，涂蜡纸杯所用的"蜡"是食品级石蜡。而国标《GB 7189-2010 食品级石蜡》把这一类石蜡根据熔点进行分类，有 52 号、54 号到 66 号 8 种，52 号石蜡要求熔点不低于 52℃、不高于 54℃，54 号石蜡熔点不低于 54℃、不高于 56℃，如此类推。

也就是说，如果盛装热饮，涂蜡杯的腊层确实会融化，但对于一个合格的涂蜡纸杯，这个温度起码要超过 50℃。

那么用涂蜡纸杯装热饮会怎样呢？因为涂蜡纸杯是靠蜡层来隔水的，如果蜡层熔化，水会渗透到杯身，使纸杯变软，甚至漏水。此外，合格纸杯用的是食品级石蜡，即便是不小心喝进了肚子，也不必担心，那点儿石蜡不会对身体造成危害。用冷饮杯盛装热水的真正危险在于石蜡融化后纸杯会失去防水性，很容易被热水穿透，烫伤使用者。

纸杯中的有害物质

纸杯在生产过程中可能会掺入不少的有害物质，比如不法厂商使用了荧光剂，纸杯外壁喷涂图案用的颜料和助剂带入铅、砷及有机溶剂[5][6]，在存放过程中还有可能被微生物污染。

---

① 此标准已于 2014 年 5 月 15 日废止。——编者注

对于纸杯中的有害物质，行业标准中是这样规定的：

表 1 理化指标

项目		单位	规定
铅（以 Pb 计）	≤	mg/kg	5.0
砷（以 As 计）	≤	mg/kg	1.0
荧光性物质：（254nm 及 365nm）100cm²	≤	cm²	5
脱色实验（水、乙醇）		—	浸泡液不应有颜色

表 2 微生物指标

项目		规定
大肠杆菌，个/100g		≤30
致病菌	沙门氏菌	不应检出
	志贺氏菌	
	金黄色葡萄球菌	
	溶血性链球菌	

　　如果是符合标准的合格纸杯，其中含有的有害物质很少，不足以对人体造成危害。而要求纸杯中完全没有这些物质也是不可能的，比如铅和砷，在自然界本身就存在，生产过程中只能降低其含量，彻底去除这些物质尽管在技术上可行，但成本会很高，没有实际意义。将它们的含量限定在安全的范围内是比较合适的做法。

去除有害物，5 分钟就够了？

比前述流言更详细的一种描述是，"用一次性纸杯前先用开水烫四五分钟，就能充分去除其中的有害物质"。这个说法影响颇广泛，一些正规的报刊都在推荐这个"小技巧"[7][8]。

用开水，仅仅 5 分钟时间就足够除掉杯内的有害物质了吗？

如果从致病菌的角度来说，那么 100℃的水泡 5 分钟确实可以基本杀灭一般细菌的繁殖体[9]。不过需要强调的是，这里指保持 100℃加热 5 分钟，日常使用中不可能实现。

而对于铅、砷及荧光性物质，用热水泡 5 分钟作用甚微。对于这个问题，我们可以反过来想，如果仅仅这么一个操作就能把残存的那一丁点儿有害物质都去除干净，工业生产上肯定早就用这个方法生产更安全的纸杯，不劳烦消费者自己动手了。

至于不合格的纸杯，致病菌数量和其他有害物质的量无从估计，即便用开水泡 5 分钟的方法有一定作用，也不能保证这些有害物质能被完全去除，或是减低到安全的标准。选用合格的纸杯才是上策。而对于合格的纸杯，倒掉第一杯水则没有必要。

不过，实际情况往往复杂多样，上面所说的更多是针对新买纸杯的情况。即便是合格的纸杯，如果开封后放了很久都没有用，很可能微生物也已经超标了，这种情况最保险的方法是把这些纸杯当作不合格品对待——扔掉买新的吧。

怎么选用安全的纸杯

其实选纸杯和买食品是一样的，需要看清楚纸杯包装上面有没有清晰的 QS 标志、生产商信息、生产日期。千万不要贪图便宜而购买无牌的纸杯。另外还要看清楚包装上注明的适用范围，正规的一次性纸杯是会注明这个纸杯的适用温度的，如果买的是冷饮杯就千万别用来装热水，以免漏水烫伤。

在外用餐的话，一些大型快餐连锁店的纸杯还是可以放心用的。而环境恶劣、没有卫生许可证的食肆，所用的纸杯很难有保障。何况在这样的地方用餐，食物的安全都没有保障，即便"5 分钟消毒方法"真的有效也是徒劳，还是不要在这样的地方用餐为好。

结论：市面上最常见的聚乙烯涂膜杯壁没有会熔化的蜡，冷饮热饮都不是问题。涂蜡纸杯是冷饮杯，确实会因为盛装热水导致蜡层熔化，不过坏结果是渗水烫着手。用开水泡四五分钟并不能去除其中的有害物质，如果是合格的纸杯，第一杯水但喝无妨，如果是不合格的纸杯，第 n 杯水都不要喝。

参考资料：

[1]佚名. 饮料纸杯：过去与未来. 中国食品工业，1998.

[2]孔葆青，魏丽芬. 纸杯成长"四步曲". 西南造纸，2001.

[3]QB 2294-2006. 纸杯［S］，2006.

[4]吴国江. 纸杯专用蜡的研制. 辽宁化工，2005.

[5]王丽玲，白艳玲. 溶剂浸泡用于纸杯中铅、砷测定的样品处理. 中国公共卫生，1999.

[6]林丽容，骆和东，周娜，等. 纸杯中残留苯并（a）芘在食品模拟物中的相对迁移率研究. 光谱学与光谱分析，2011.

[7]扬子晚报：一次性纸杯第一杯水不要喝.

[8]南京晨报：用一次性纸杯第一杯水你最好别喝.

[9]张朝武. 热力消毒与灭菌及其发展. 中国消毒学杂志，2010.

解析牛奶致癌说：酪蛋白的谜团

少个螺丝

流言：一篇名为《牛奶的巨大危害！建议彻底禁食"牛奶、肉、鱼、蛋"》的文章呼吁大家禁饮牛奶，因为有致癌风险。[1]文章的依据是，牛奶中的蛋白质，尤其是酪蛋白，是一种非常强的促癌剂，可促进各阶段的癌症。

❧ 真相 ❧

流言中的文章，是一篇影响深远的网络文章，也让许多人对于饮用牛奶产生了怀疑。牛奶究竟能不能喝？在此，我们来讨论下酪蛋白的问题。

流言是怎么来的？

流言文章中提到的美国康奈尔大学的坎贝尔（T. Colin Campbell）教授，是如何得出牛奶中的酪蛋白可以促进各阶段癌症这一结论的呢？

还得从 1968 年的一篇来自印度的论文说起。该研究通过大鼠实验，得出摄入高蛋白饲料与肝癌发病率呈正相关的结论。[2]坎贝尔教授在看了这篇论文之后，与其研究小组设计了一系列类似的实验，发现饲料中蛋白质含量的高低可以改变大鼠肝癌的发展速度。高蛋白摄入会加快大鼠肝癌的发展。他们还发现，实验中使用的蛋白是动物来源的牛奶酪蛋白，如果换成植物来源的大豆蛋白或者小麦蛋白，则不会促进癌的发展。在20世纪80年代，坎贝尔教授又参与了一项中国健康调查，通过对比中美两国人民的日常膳食摄入和一些疾病的发病率，得出肉类和乳制品等高蛋白膳食是许多疾病的根源、素食更有利于健康的结论。

坎贝尔教授把他的这些研究经历写成了《中国健康调查报告》一书，牛奶中的酪蛋白会促进各阶段癌症的观点正是出自此书。[3] 由于此书的观点迎合了推崇素食主义的美国责任医疗医师委员会（Physicians Committee for Responsible Medicine，PCRM）和提倡保护动物权益的善待动物组织（People for the Ethical Treatment of Animals，PETA）的理念，因而被他们广泛用来在全球范围内进行反对乳制品的宣传。牛奶能致癌就是他们反对乳制品的论据之一。

牛奶会致癌吗？

那么，饮用牛奶到底会不会增加癌症的风险呢？

为了回答这个问题，让我们先回头看看坎贝尔的实验。首先，坎贝尔的研究对象是已经通过大剂量黄曲霉素（一种强致癌物）诱导出了癌变细胞的大鼠，并不能直接推出酪蛋白对健康的人体也有相同的作用。其次，实验中所用的酪蛋白是大鼠唯一的蛋白质来源，这和人们的膳食结构完全不同。即使按照中国营养学会的建议，每天摄入相当于 300 克牛奶的乳制品，其中也仅含有 7.5 克左右的酪蛋白，仅占人体每天摄入的蛋白质的一小部分（不到 10%）。这样一个严格控制的动物对照实验的主要意义在于指导进一步的研究，并且需要结合其他研究来综合判断，单凭一项或某几项研究不能得出结论，更不应该以此来指导大众饮食。

对于以人为研究对象的队列研究以及生态性研究也要谨慎，因为人们的饮食方式、生活环境、遗传背景等因素多会对结果产生干扰，而且很难排除。20 世纪 80 年代中国人和美国人除了饮食习惯之外，人种、生活的环境、工业化水平等也是大大不同的，这些都有可能影响调查结果。

牛奶本身是一种复杂的食物，含有多种不同的营养成分，其对人体的作用也是这些不同的营养成分共同作用的结果。同样是研究牛奶与癌症的关系，不同的研究方法，不同的研究团队可能得出不同的结果，这都是很正常的。而主流的科学观点则是在综合评估了所有研究的结果之后得出的一个总结。

虽然坎贝尔教授的这本《中国健康调查报告》也列举了很多的实验数据，引用了大量的参考资料，看起来很像是一本专业严谨的学术巨著，也在社会上引起了不小的关注，但其实在学术界并没有得到大多数科学家的认同。许多针对这本书的批评都指出，其中提到的研究结果，都是作者有意选取的、能支持其观点的研究，而有意忽略了大量其他的不符合他的观点的研究结果。更多有关这本书的一些不同的声音可以参考《〈中国健康调查报告〉的另一面》这篇文章。换句话说，这本书更多是表达了作者的个人观点，而不是学术界的共识，无法代表学术界的主流观点。

世界癌症研究基金会（WCRF）和美国癌症研究所（AICR）于 2007 年底联合发布的第二份《食物、营养、身体活动和癌症预防》的专家报告，报告根据最新的研究成果，对饮食、营养、身体活动与癌症风险进行了权威评估，客观地反映了当前学术界的主流观点。其中，关于牛奶和乳制品与癌症风险关系研究的结论是，目前没有任何有足够说服力的证据表明牛奶有增加或者降低癌症风险的效果。但是牛奶可能有降低结肠癌风险的作用。另外，高钙饮食，不论钙是来自牛奶还是其他食物，每天摄入超过 1.5 克钙质，都有可能增加前列腺癌风险。有限的证据则暗示牛奶可能降低膀胱癌的风险，牛奶以及乳制品可能增加前列腺癌的风险，奶酪可能增加结肠癌的风险。[4]

需要指出的是，尽管部分研究表明牛奶或者乳制品可能会增加前列腺癌的风险，但是要注意到这主要出现在那些大量饮用牛奶的地区的人群中。每天 1.5 克的钙质摄入是什么概念？考虑到来自其他食物成分的钙质大概在每天 300 毫克左右，也就意味着有 1.2 克的钙质来自牛奶，这相当于每天饮用超过 1 千克的牛奶，这显然远超过了大多数中国人的乳制品摄入量。

其实，考虑到美国人以及当前部分中国人日常膳食中过高的脂肪和蛋白质摄入量，坎贝尔这本书中所提倡的减少高脂肪、高蛋白的肉食，增加水果、蔬菜和谷物等植物性食物的观念还是有一定的积极意义的，但被曲解以后作为造谣的工具实在很悲哀。在中国人均乳制品消耗量还远低于世界平均水平的时候，就要求国人因为没有被科学证实的原因而放弃这一优质的钙源，有点杞人忧天了。健康的饮食最重要的是营养均衡，在此基础上，食物是来自植物还是动物，那就是个人的选择了。

结论：牛奶中的酪蛋白能促进癌症不是学术界的主流观点。截至 2007 年年底，主流学术界没有有说服力的证据证明牛奶能增加或者降低癌症风险。

吐槽：

酪蛋白并非牛奶特有的，而是普遍存在于所有哺乳动物的乳汁中。如果酪蛋白可以促癌，那么咱们作为刚出生时只能喝母乳的哺乳动物，是不是太苦逼了点？

参考资料：

[1]牛奶的巨大危害！建议彻底禁食"牛奶、肉、鱼、蛋".

[2]Madhavan T V，Gopalan C. The effect of dietary protein on

carcinogenesis of aflatoxin. Arch Pathol，1968.

[3]T Colin Campbell，Thomas M. 中国健康调查报告. 张宇晖，译. 吉林文史出版社，2006.

[4]Food，Nutrition，physical activity and the prevention of cancer：a global perspective. WCRF&AICR，2007.

长时间嚼口香糖有害吗？

箫汲

流言：咀嚼口香糖的时间不要超过 15 分钟，有胃病的人更不宜长时间咀嚼。长时间咀嚼口香糖，会反射性地分泌大量胃酸。特别在空腹时，可能会出现恶心、食欲不振等症状。研究发现，经常嚼口香糖会损坏口腔中用于补牙的材料，释放出其中的汞合金，造成血液、尿液中的水银含量超标。

❧ 真相 ❧

在破解这则流言之前，让我们先回顾一下著名的生理学家、诺贝尔奖得主巴甫洛夫先生和他的狗狗[1]。

巴甫洛夫家的狗没试过口香糖

相信大家在中学里上生物课时，如果没有打瞌睡的话，就听说过巴甫洛夫这个人了。巴甫洛夫要是活到现在，也许会以虐待狗狗的罪名被人起诉。在他设计的著名实验中，狗狗的消化道被手术切开并置入各种瘘管，以统计实验中各种消化液的分泌量。他的研究通常被人们用来说明条件反射这一生理现象，但实际上条件反射或许只能算一项副产品，巴甫洛夫实验其实是向我们揭示了进食过程中各种消化液分泌的不同特点。

根据他的实验结果，进食过程中胃液的分泌可以分为三个不同的时期：头期、胃期和肠期。顾名思义，是指当食物进入头部、胃部和肠部时，胃液的分泌会有不同特点。实验结果表明，在胃酸分泌的头期，也就是食物进入口腔和食道，而尚未进入胃内时，视觉、味觉、嗅觉等多种感官受到刺激，促使胃部分泌大量胃酸含量高、消化能力强的胃液。而这一发现也是很多人相信长时间咀嚼口香糖会引起胃酸大量分泌的原因。然而可惜的是，极为严谨的巴甫洛夫当年在做实验时，虽然给狗喂食了大量不同种类的食物，并证实糖类和脂类食物可以促使头期的胃液分泌，而生理盐水、苦味食物、胡椒和芥末等则没有这种作用，但并没有试过口香糖。因此，虽然咀嚼含糖口香糖也许可以促进胃液分泌，但对于目前市面上大行其道的无糖口香糖，连巴甫洛夫也不能告诉我们到底有没有促进胃液分泌的作用。

口香糖对消化道的作用

尽管巴甫洛夫说不清楚，好在天上飞的、地上走的，没有科学家不研究的，他不干自有其他人干。来自美国的一批麻醉医生设计了一个实验[2]，研究手术前嚼无糖口香糖会不会引起胃内液体增多、增加术中麻醉风险。结果表明，术前

30 分钟开始嚼无糖口香糖直至手术开始，或不嚼口香糖，麻醉后探查胃液的量以及 pH 值都没有明显的区别。也就是说术前嚼无糖口香糖达 30 分钟之久也不会刺激胃分泌更多的胃液和胃酸。

不过也有研究提出相反意见[3]，认为嚼口香糖能促进头期的胃液分泌。研究者让 12 位罹患十二指肠溃疡——一种常见的"胃病"的患者咀嚼芝士汉堡或口香糖满 15 分钟，发现两者促进胃酸分泌的能力不相上下。但是这个实验并未说明所用的口香糖是否含糖，而且样本量也实在太小（仅 12 例），说服力远不如前面提到的那个麻醉师们做的研究。毕竟麻醉师们的样本量达到了 77 例。

另一个特殊例子是戒烟者使用的含尼古丁的戒烟口香糖[4]。这种口香糖对帮助吸烟者戒烟有非常好的效果，并且通常引起的戒断症状也较小，但常常会出现胃肠道的不适。这有可能是戒断症状，也有可能是尼古丁口香糖本身的副作用。咀嚼普通无糖口香糖一般不会引起这样的问题。

口香糖，护齿还是害齿？

要回答这个问题，首先要考虑口香糖可能会给口腔健康带来哪些危害。其一，如果嚼口香糖可以促进胃酸分泌，那么多余胃酸从胃内反流到口腔内的话，会腐蚀牙齿。前面已经讨论过，一般认为嚼无糖口香糖并不会促进胃酸分泌。但即使胃酸的分泌没有增加，如果嚼口香糖可以诱使本应在胃内的胃酸反流至口腔，那么一样会增加牙齿受伤的风险。因此也有科学家对此进行了研究[5]，他们给病人服用容易诱发胃酸反流的食物，餐后咀嚼口香糖 30 分钟后监测病人食管内胃酸反流的情况。结果出人意料，咀嚼口香糖非但没有增加胃酸反流，反而使其减少了。科学家推测，可能的原因是咀嚼口香糖会促进吞咽活动，继而增加食管的向下蠕动，抑制胃酸向上反流。这说明长时间咀嚼口香糖（30 分钟）反而从某种程度上可以减少胃酸对牙齿的腐蚀，保护牙齿。

除了胃酸的问题，还有一个问题是，咀嚼口香糖是否会使补牙材料中所用的汞释放出来，毒害人体？汞合金曾经是牙科常用的补牙材料，不过目前已经逐渐被更为轻便美观的树脂材料所代替。有些研究者认为含汞的材料可能会增加使用者受汞影响的风险，而另一些研究者则认为汞合金是安全的。不管怎么说，至少目前为止美国食品药品监督管理局（FDA）还没有禁止牙科使用汞合金作为补牙的材料。[6] 虽然口腔内有汞合金的人嚼口香糖确实会增加口腔内的汞含量，不过其含量仍然能保持在安全水平以内。而且不止嚼口香糖，吃饭、刷牙等行为都会增加口腔内的汞含量。人既不能不刷牙，也不可能不吃饭，所以也无必要太过紧张。

事实上，人们往往过于关注口香糖的害处，而忽略了口香糖对健康带来的益处。虽然含糖口香糖会增加口腔牙菌斑的量，降低口腔 pH 值，增加龋齿的风险[7]，但是无糖口香糖却能减少牙菌斑，增加口腔 pH 值，减少牙龈炎的发生，对口腔健康大有裨益。此外，对于术前需要禁食的病人来说，嚼口香糖可以帮助他们克服食欲；而结肠手术后病人咀嚼口香糖可以减少术后肠梗阻的风险[8]；含尼古丁的口香糖则是老烟枪们的戒烟良药……长时间咀嚼口香糖对健康的好处未必比其健康风险要少。

结论：咀嚼含糖口香糖可能对口腔健康不利，但长时间咀嚼无糖口香糖并不会刺激胃酸分泌，也不会额外增加汞合金补牙材料对健康的风险，反而能减少胃酸向口腔反流，并且一定程度上保护口腔健康。此外，口香糖还在其他很多医学领域发挥作用，帮助维护患者健康。所以，想嚼就嚼吧！

参考资料：

[1]维基百科：Ivan Pavlov.

[2]Stevin A，et al. Sugarless gum chewing before surgery does not increase gastric fluid volume or acidity. Can J Anesth，1994.

[3]Helman C A. Chewing gum is as effective as food in stimulating cephalic phase gastric secretion. Am J Gastroenterol. 1988.

[4]M J Jarvis，et al. Randomised controlled trial of nicotine chewing-gum. BMJ，1982.

[5]Moazzez R，et al. The effect of chewing sugar-free gum on gastroesophageal reflux. JDR，2005.

[6]维基百科：Dental amalgam controversy.

[7]Chewing gum—facts and fiction：a review of gum-chewing and

oral health，T. Imfeld，CROBM，1999.

[8] Takayuki Asao，et al. Gum chewing enhances early recovery from postoperative ileus after laparoscopic colectomy. Journal of the American College of Surgeons，2002.

薯条致癌吗？

drfanfan

流言："有些富含淀粉食品经煎烤等高温加工处理后会产生丙烯酰胺，这是一种致癌杀手！按世界卫生组织制定的标准，成年人每天从饮食中吸收的丙烯酰胺量不应超过 1 微克，而每公斤薯条或薯片平均含丙烯酰胺 1000 微克！请喜爱吃薯片薯条者'忍痛割爱'吧！管住自己的嘴吧！"

"丙烯酰胺是近 10 年才被我们认识的一种可能致癌物，国内曾有报道称'2002 年 8 月世界卫生组织公布一项突破性科学发现，来自全球各国的 25 位世界顶级科学家会聚世卫组织，经三天讨论达成共识，人类正遭受到丙烯酰胺严重威胁'。西方人主食的煎烤烘焙食物中含有此物……是基因毒素，可能致癌。"

❧ 真相 ❧

"人类正遭受到丙烯酰胺严重威胁"，这条消息足够骇人听闻。更有意思的是，这则消息还抬出了世界卫生组织来背书，看起来也是有鼻子有眼。

"丙烯酰胺"不是新鲜事物，首先，它的名字一听就是化工产品，让人没有好感，再加上这几年媒体报道的推波助澜，先后有过《食物中有"丙毒"》《某品牌快餐销售"致癌薯条"》《吃薯片比吃汽车废气还毒》这样的报道，使得不少人对此产生恐慌。2005 年 9 月，卫生部发布了一份关于食品中丙烯酰胺的风险评估报告，情形并没有那么可怕。直到现在，科学界对此的认识都比较一致，就是："目前还没有充足证据表明，通过食物摄入的丙烯酰胺与人类某种肿瘤的发生有明显关系，希望公众尽可能避免长时间或高温烹饪淀粉类食品，提倡合理营养，平衡膳食，改变油炸和高脂肪食品为主的饮食习惯。"[1]

《吃的真相》系列作者、食品工程博士云无心有一个说法："炸薯条不是什么好食品，不过反对一个不好的东西也不该用不靠谱的理由。"希望通过细数流言里那些夸大、失实、不靠谱的说法，大家能正确认识和理性对待食物中的丙烯酰胺。

所谓的世界卫生组织建议

流言中多次提到了世界卫生组织，让我们去看看到底怎么回事。

首先，世界卫生组织从没公布过丙烯酰胺是"一项突破性科学发现"。

2002 年 6 月，世界卫生组织（WHO）和联合国粮农组织（FAO）联合召开了食品中丙烯酰胺污染专家咨询会议，对食品中丙烯酰胺的食用安全性进行了探讨。

2005年2月，联合国粮农组织和世界卫生组织联合食品添加剂专家委员会（JECFA），根据已有资料，对食品中的丙烯酰胺进行了系统的风险评估。同年3月，世界卫生组织发布了总结报告，指出某些食品中含有的丙烯酰胺可能会成为公共卫生问题，因为动物实验表明，丙烯酰胺能够致癌，但是从动物实验推导到人体，以及丙烯酰胺对人体的致癌机理仍存在很多不确定因素，有待进一步研究。报告最后呼吁企业探索降低、减少食品中丙烯酰胺的方法。[2]

假如说有和"突破"沾边的，那就是以前没发现食物加工过程也能产生丙烯酰胺（丙烯酰胺是生产聚丙烯酰胺的原料，此前有一些职业接触人群的流行病学数据）。

其次，世界卫生组织没有制定丙烯酰胺的限量标准，也没说过"成年人每天从饮食中吸收的丙烯酰胺量不应超过1微克"。恰恰相反，世界卫生组织在所有文件中反复强调，丙烯酰胺导致人体致癌的机理尚不明确，有待各国研究，因此，无法提出人们吃多少容易产生丙烯酰胺的食物就会致癌的建议。

唯一的建议就是公众应该注意膳食平衡，少吃高温油炸和高脂肪的食物。连致癌的机理都不明确，哪里会有限量标准呢？直到现在，谣言粉碎机调查员也没有发现任何一项研究可以证明，"在正常食用食物的情况下，丙烯酰胺能够致癌"。

健康饮食才是正道

"西方人主食的煎烤烘焙食物中含有此物，是基因毒素，可能致癌"的说法，是片面的。丙烯酰胺的形成与加工烹调方式、温度、时间、水分等有关，不同食品加工方式和条件不同，其形成丙烯酰胺的量有很大不同，即使不同批次生产出的相同食品，其丙烯酰胺含量也有很大差异。

丙烯酰胺不仅是"西方人主食的煎烤烘焙食物中含有"，事实上，从 24 个国家获得的食品中丙烯酰胺检测数据（2002～2004 年）表明，丙烯酰胺含量较高的三类食品平均值从高到低是：咖啡及其类似制品，平均含量为每千克 0.509 毫克，最高含量为每千克 7.3 毫克；高温加工的土豆制品（包括薯片、薯条等），平均含量为每千克 0.477 毫克，最高含量为每千克 5.312 毫克；早餐谷物类食品，平均含量为每千克 0.313 毫克，最高含量为每千克 7.834 毫克。

我们可以看到，薯条中的丙烯酰胺含量确实不低，但薯条只是含有该类物质的众多食物中的一种，如果是这个原因就要避免的话，需要避免的食物会有很多。根据目前的科学证据，没必要对这些食物中的丙烯酰胺感到特别恐慌。所有物质有没有毒全在于你吃进去多少。从健康饮食和实际的角度，与其呼吁人们不要吃这个，不要吃那个，不如建议大家做到食物多样化（不偏食）、均衡营养、少吃高温煎炸烘烤的食物，这样就能减少很多健康风险，包括丙烯酰胺在内。

此外我也想指出一点，与吸烟的危害相比，食物中丙烯酰胺的危害要小得多。[3]

结论：流言夸大了食物中丙烯酰胺的危害，有危言耸听之嫌。目前还没有充足证据表明，通过食物摄入的丙烯酰胺与人类某种肿瘤的发生有明显关系，世界卫生组织也没有制定过安全限量标准。对公众的建议是：避免长时间或高温烹饪淀粉类食品，注意膳食平衡，改变以油炸和高脂肪食品为主的饮食习惯。

参考资料：

[1] 卫生部采取措施降低丙烯酰胺可能对人体造成的危害.

[2] WHO. Acrylamide levels in food should be reduced because of public health concern says UN expert committee.

[3] WHO. Frequently asked questions—acrylamide in food.

一次醉酒相当于轻度肝炎吗？

叫我石榴姐

流言："饮醉一次，就相当于得一次轻度肝炎。正常人平均每日饮酒精 40～80 克，5 年内患慢性酒精性肝病的概率为 50％，8～10 年就可发生肝硬化，进而引发肝癌。医学专家推测，长期过量饮酒者，平均缩短寿命 20～30 年，无疑是慢性自杀。"

真相

流言中提到的"饮醉一次，就相当于得一次轻度肝炎"的原始出处，应该是《生命时报》的一篇报道，里面说"近日，中国首席健康专家、74 岁的万承奎教授讲述他的健康'秘方'时提到：'喝醉一次白酒，等于得一次急性肝炎。'"

我们来看一下这两个说法各存在什么问题吧：

首先，关于"肝炎"，流言和报道都指代不清。若是指的酒精性肝病，也应该说明诊疗指南中明确规定的"有长期饮酒史，一般超过 5 年"。

其次，流言中的"轻度肝炎"应该是轻度慢性肝炎（病程 6 个月内），而该教授所指的"急性肝炎"应该是指病毒性肝炎中的急性肝炎（发病在 7 天内）。为什么万教授会说"急性肝炎"呢？可能是因为饮酒同病毒感染一样，可以导致肝细胞的损害，但损伤程度较轻，仅表现为轻微不适、抽血化验生化指标稍高等，与急性肝炎的表现相当，可作为初步诊断。但这个说法更多只是出于他自己的理解和比喻，尚未找到明确的文献支持该观点。

肝炎种类及酒精性肝炎

肝炎，通常是指由多种致病因素，如病毒、细菌、寄生虫、化学毒物、药物和毒物、酒精等侵害肝脏，使得肝脏细胞受到破坏，肝脏的功能受到损害。它可以引起一系列身体不适症状，以及肝功能指标的异常。根据导致肝炎的原因不同，肝炎可以具体分为：病毒性肝炎、酒精性肝炎、自身免疫性肝炎、药物性肝炎、非酒精性脂肪性肝炎。

人们通常所说的肝炎应该是上述分类中的"病毒性肝炎"，根据致病的病毒不同，可分为甲（A）、乙（B）、丙（C）、丁（D）、戊（E）五型病毒性肝炎（分别由 HAV、HBV、HCV、HDV、HEV 病毒所致），其中以前三型（甲肝、乙肝、丙肝）常见，又以乙型肝炎危害最大。病毒性肝炎患者常终身携带病毒，是此类病毒的重要传染源。

饮酒的确可以导致肝损伤。一方面，饮酒可以直接损伤肝脏，导致酒精性肝病；另一方面，大量饮酒可以降低机体免疫力，常常合并 HBV、HCV 感染导致病毒性肝炎，进而损伤肝脏。

酒精性肝病是由于长期大量饮酒导致的肝脏疾病。初期通常表现为脂肪肝，进而可发展成酒精性肝炎、肝纤维化和肝硬化。严重酗酒时可诱发广泛肝细胞坏死，甚至肝功能衰竭。[1]

酒精对寿命有什么影响？

饮酒对寿命的影响应该视饮酒的程度而定。豪饮（一次性大量饮酒）、酗酒（经常性大量饮酒）都是最有害的饮酒方式。流言中说到的"5 年内患慢性酒精性肝病的概率为 50％，8～10 年就可发生肝硬化，进而引发肝癌。医学专家推测，长期过量饮酒者，平均缩短寿命 20～30 年"，均出处不明。不过，2010 年美国肝病学会《酒精性肝病诊疗指南》[2]中曾指出：饮用酒精超过每天 40 克，被认为是发展为酒精性肝硬化的阈值；超过每天 60 克的个体，90％发展为脂肪肝；男性超过每天 60～80 克、女性超过每天 20 克，持续 10 年以上，5％～41％的人可增加肝硬化发生的风险。

而酒精性肝病视其严重程度，有不同预后：酒精性脂肪肝在戒酒后可完全复元；酒精性肝炎如能及时戒酒和治疗，大多也可恢复，主要死亡原因是肝功能衰竭；酒精性肝炎，可进一步发展为酒精性肝硬化。肝硬化的诸多合并症，如肝性脑病、肝癌等，都会导致病人死亡。

结论："饮醉一次，就相当于得一次轻度肝炎"的说法并不准确，对读者有一定的误导性。毕竟，酒精性肝炎与病毒性肝炎有不同的原因和社会意义。酒精性肝病并不像病毒性肝炎那样具有传染性，并且在一定程度上通过正确的治疗手段可以恢复。因此，不管是对于肝病患者还是其周围人，这两者的社会意义完全不同。人们也没有必要谈"肝炎"色变。但值得注意的是，"肝炎→肝硬化→肝癌"被称为肝癌发生的"三部曲"。所以，喝酒还是要适量。

参考资料：

[1]中华医学会肝病学分会脂肪肝和酒精性肝病学组 2010 年修订的《酒精性肝病诊疗指南》.

[2]美国肝病学会.《酒精性肝病诊疗指南》，2010.

长期喝豆浆会得乳腺癌?

阮光锋

流言："豆制品中含有大量植物雌激素（以大豆异黄酮为主），未能吸收的植物雌激素会在人体内积聚，造成人体内雌激素偏高，提高乳腺癌患病概率。"

❧ 真相 ❧

作为一种传统食材，大豆在中国膳食结构中占有相当重要的地位。豆浆油条早已经被唱进流行歌曲，豆腐脑、豆豉、豆干、豆皮等也都是我们日常生活中常见的美味食品。可是，"女性常年喝豆浆会导致乳腺癌"的说法却一直在网络上流传。受此观点的影响，很多女性都不再敢喝豆浆，甚至彻底与豆类食物断绝关系。到底是不是这样呢，请随我们一起来看看豆制品中的雌激素到底是怎么回事吧。

植物雌激素具有双向调节作用

植物雌激素（phytoestrogens），是一类天然存在于植物中的非甾体类化合物，因其生物活性类似于雌激素而得名，大豆中的大豆异黄酮就是其中之一。植物雌激素在食物中的分布还是蛮广泛的，如扁豆和谷物中的木酚素、黄豆芽中的香豆素，都是植物雌激素。

一提雌激素，许多人就心怀顾虑，因为过高水平的雌激素有引起乳腺癌、子宫内膜癌、子宫肌瘤、子宫出血的危险。但植物雌激素和人的雌激素是不一样的。研究发现，植物雌激素对女性体内雌激素水平起到的是双向调节作用。植物雌激素具有与雌激素相似的分子结构，可以和雌激素受体结合，产生与雌激素类似的作用，但是这个作用比人体内的雌激素要小。当人体内雌激素不足的时候，它的结合可以起到补充雌激素的作用；当体内雌激素水平过高时，它的结合又因为阻止了雌激素的结合，而起到抑制的作用，相当于降低了雌激素的水平。因此，植物雌激素又被称为女性雌激素水平的调节器[1]。

大豆异黄酮不会导致乳腺癌

和流言所述的相反，大量研究都证实，适量吃豆制品可以预防乳腺癌。

流行病学研究显示，亚洲人因摄入大量的大豆及大豆制品，因而乳腺癌和前列腺癌的发病率和死亡率均低于西方人[2]。《上海乳腺癌现状调查》研究了上海市 5042 名 20～75 岁女性乳腺癌患者，发现吃豆制品可显著降低乳腺癌患者的死亡率[3]。对生活在新加坡的中国女性进行的膳食与乳腺癌病例对照研究的结果也表明，大豆对乳腺癌的发生有显著预防作用[4]。2008 年，发表在《英国癌症杂志》 （*British Journal of Cancer*） 的一篇文章也表明，大豆里的大豆异黄酮不但不会增加乳腺癌发生风险，反而会降低乳腺癌的患病率，尤其在大豆类食品消费量较高的亚洲人群中[5]。

此外，发表在世界权威医学杂志《癌症》（*Cancer*） 的一篇文章《国际乳房健康和癌症指南》列举了一些世界各国预防乳腺癌的方法，其中预防乳腺癌的饮食方法之一就是要适量吃大豆及其制品[6]。

可见，食用豆浆等豆制品不但不会因此患上乳腺癌，反而可以降低乳腺癌发生风险，是乳腺癌发生的保护性因素[7]。

豆制品，更年期女性的良好选择

进入更年期后，女性体内的雌激素水平明显下降，引发一系列身体不适症状，临床上称为"妇女更年期综合征"。另外，雌激素减少还会降低钙的吸收率和利用率，使骨质密度下降陡然加快，导致骨质疏松，对女性健康产生长远的不利影响。此时，女性特别需要有利于稳定体内雌激素水平的食物，而大豆恰好是很好的选择。

食用含有大豆异黄酮的食品可弥补由于绝经而减少的雌激素，从而减轻或避免引起更年期综合征[8]。澳大利亚的科学家研究发现，更年期妇女如果每天食用 45 克大豆，其更年期综合征的发病率就会降低 40%[9]。饮食中含有豆类食物，可缓解更年期妇女潮热出汗的症状[10]。大豆异黄酮还能改善更年期或临近更年期妇女全身的动脉弹性[11]。对 478 名绝经后女性进行的调查发现，吃豆制品可以有效地降低骨质疏松发生率[12]。还有研究发现，每天摄入大豆异黄酮 100 毫克是安全的，并能很好地预防经期综合征和心血管疾病[13]。

结论：谣言粉碎。大豆中含有的异黄酮类物质确实是植物雌激素，不过许多研究都表明，食用大豆制品不仅不会增加乳腺癌发生的风险，反而可以降低乳腺癌患病率，对于预防和减轻更年期综合征也有一定的作用，是很好的女性食品。

食用豆制品的小贴士：

《中国居民膳食指南》推荐每天食用大豆类食品 30～50 克。日常饮食中应该适量吃一些豆制品，尤其是更年期妇女，可以降低更年期综合征的发病率。

豆浆必须煮熟。生豆浆含有凝集素和胰蛋白酶抑制剂，这两种物质摄入过多，可能使人产生恶心、呕吐、消化不良甚至中毒等症状。豆浆经过充分加热，所含的这两种物质就可以被消除，因此可以安全饮用。痛风病人最好在膳食指南的基础上适量减少豆制品。痛风病人不必绝对远离豆浆，只是应当注意在喝豆浆的同时，相应减少肉类的摄入。控制每日蛋白质的总量才是关键。

参考资料：

[1]王晓稼，郑树. 植物雌激素与乳腺癌研究进展. 国外医学肿瘤学分册，2004.

[2]Dellapenna D. Nutritional genomics：Manipulating plant micro-nutrients to improve human health. Cancer and Metastasis Reviews，1999.

[3]Xiao Ou Shu，et al. Soy Food Intake and Breast Cancer Survival. JAMA，2009.

[4]Lee H P，Gourley L，Dully S W，et al. Dietary effects on breast cancer risk in Singapore. Lancet，1991.

[5]A H Wu，M C Yu，C-C Tseng and M C Pike. Epidemiology of soy exposures and breast cancer risk. British Journal of Cancer，2008.

[6] Anne McTiernan，Peggy Porter and John D Potter. Breast Cancer Prevention in Countries With Diverse Resources. CANCER，2008.

[7]汪洋. 大豆异黄酮摄入与乳腺癌及前列腺癌发生风险的 Meta 分析. 第三军医大学硕士学位论文，2010.

[8]Samii H，Sina S. Comparison of the therapeutic effects of soy-beans with HRT on menopausal syndrome manifestations. Journal of babol university of medical science (JBUMS)，2005.

[9]李玉珍，林亲录，肖怀秋，等. 大豆异黄酮的功能特性研究进展. 中国食物与营养，2005.

[10]Albertazzi P，Pansini F，Bonaccorsi G，et al. The effects of

dietary soy supplementation on hot flushes. Obstet Gynecol，1998.

[11]Morabito N，Crisafulli A，Vergara C. Effects of genistein and hormonereplacement therapy on bone loss in early postmenopausal women：A randomized double-blind placebo-controlled study，Biochemical Pharmacology，2002.

[12]Somekawa Yoshiaki，Chiguchi Miki，Ishibashi Tomoko，et al. Soy Intake Related to Menopausal Symptoms，Serum Lipids，and Bone Mineral Density in Postmenopausal Japanese Women. Obstetrics & Gynecology，2001.

[13]Kyung K Han，Jose M Soares，Mauro A Haidar，et al. Benefits of Soy Isoflavone Therapeutic Regimen on Menopausal Symptoms. Obstet Gynecol，2002.

男人不能喝豆浆吗？

阮光锋

流言：男人不能喝豆浆，因为豆浆含雌激素，男人喝了会出现乳房发育、不长胡子、变娘娘腔等女性化特征。不仅如此，男人喝豆浆后，其精子数量会减少——豆浆杀精！

❧ 真相 ❧

豆浆本来是一种非常普通和常见的食物，但是近年来，关于豆浆有害的各种说法却越来越多，弄得人心惶惶。刚刚讨论过女性喝豆浆是不是会得乳腺癌的问题，"男性喝豆浆会变得女性化""豆浆杀精"的质疑又扑面而来。这个被指摘的问题成立吗？

男人女性化？正常剂量下不可能

植物雌激素的生物活性只有药物雌激素的 1‰，只要摄入的剂量不大，是不可能逆转激素平衡，影响男性性征或男童正常发育的。

豆浆中的植物激素主要是大豆异黄酮，并且含量不高。南昌大学食品科学与技术国家重点实验室 2011 年对日常生活中常见的 11 类豆类食品共计 51 个样品进行测定发现，豆浆中大豆异黄酮的含量小于每毫升 100 微克，豆奶粉类小于每克 100 微克[1]，喝一杯 200 毫升的豆浆摄入的大豆异黄酮才不过 20 毫克。《中国居民膳食指南》推荐每天食用大豆类食品 30～50 克，通常，大豆中大豆异黄酮的含量为每克 3.5毫克，按照推荐食用量，一天摄入的大豆异黄酮不过 105～175 毫克。这个剂量水平不可能使男性出现女性化特征。

杀精？证据不足

豆浆杀精、影响生殖能力的说法最早源于一些动物实验。有动物实验发现，被喂食大豆食物的动物出现了生育能力下降[2]、睾酮减少[3]的现象。这样的结果促使后来的研究者开展了人群方面的研究。2008 年，哈佛大学公共卫生学院的研究者发表在《人类生殖学》（*Human Reproduction*）上的一篇论文，实验者让 99 名在不孕不育门诊治疗的男性填写了调查问卷，让每个人描述在过去三个月中摄入 15 种豆制品的频率与数量，同时采集了他们的精液样本。结果发现，吃豆制品的数量和精子的浓度呈负相关。不过研究人员自己也表示，这样的实验设计无法建立起摄入豆制品和精子浓度的因果关系[4]。另一方面，也有研究人员发现膳食植物雌激素大豆异黄酮对于保护精子 DNA 的完整性、防止其损伤有好处[5]。不过，防止损伤的机理还不明确，还需更深入的研究。

2009 年发表在《生殖与不育》杂志（*Fertility and Sterility*）上的一项研究也与"杀精"的结论相反。研究者对比了不同饮食方式的男性精子数量和活力，发现那些长期吃肉类等高脂肪食物的人，其精子数量和活力均有减小；而那些吃蔬菜、水果及豆类的人精子数量和活力较好[6]。分析其原因，可能是这些食物通常含有较多的抗氧化物质。有不少研究都发现，抗氧化物质含量高的饮食通常都意味着更好的精子数量和活力[7]，大豆中含有丰富的抗氧化物质，这可能是它对精子有好处的依据。同年，发表在这个期刊上的另一项临床方面的荟萃分析①发现，即使是高剂量的大豆异黄酮（每天摄入大豆异黄酮超过 150 毫克，有些人甚至达到了 900 毫克/天），也不会对男性的精液数量和精子质量产生影响[8]。

鉴于研究结果的多样，2010 年，日内瓦医学院的研究者对大豆及植物雌激素对男性生殖健康的影响进行了综述分析。研究者认为，目前虽然有一些动物实验和细胞实验发现植物雌激素会影响生育功能，但现有的人群研究并不能得出植物雌激素对男性生殖有害的结论，相关的研究还不全面，还需继续深入研究[9]。2012 年的一项综述分析也是相同的观点：豆类食物对生育能力的影响尚未可知[10]。

---

① 荟萃分析，又称"Meta 分析"，Meta 意指较晚出现的、更为综合的事物。通常用于命名一个对原始学科进行评论的相关新学问，包括数据结合以及对结果的流行病学探索和评价，以原始研究的发现取代个体作为分析实体。

总的来说，目前并没有足够的研究可以证明豆浆会杀精或是影响男性生殖能力。

豆浆其实也可以呵护男人

实际上，适当吃些大豆，对于男性可能是有益的。

有不少研究都发现，经常食用大豆异黄酮可以降低患前列腺癌的风险[11]。2007 年 10 月发表于《营养学杂志》(*Journal of Nutrition*) 上的一项研究表明，摄入大豆蛋白可以降低男性前列腺的雄激素受体表达量[12]，这与多项主张豆浆和豆制品有利于预防男性前列腺癌的流行病学研究结果是一致的[13]。除了预防前列腺癌之外，研究发现，适量吃豆制品还可以预防骨质疏松[14]、心血管[13]、胃癌[15]、肺癌[16]等疾病。总体来说，适量喝豆浆、吃豆制品对男性的好处也是很多的。

结论：谣言粉碎。大豆中含有的异黄酮类物质确实是植物雌激素，但其活力低，不可能影响男性性征、使男人女性化；目前也没有足够的研究可以证明豆浆杀精或者影响男性生殖能力；而流行病学研究发现适量喝豆浆、吃豆制品有利于预防前列腺癌等多种疾病。总之，男人是可以放心喝豆浆的。

参考资料：

[1]高丽英，聂少平，邱奇琦，等．豆类食品中 4 种大豆异黄酮的含量分析．中国食品学报，2011.

[2]Glover A，Assinder S J. Acute exposure of adult male rats to dietary phytoestrogens reduced fecundity and alters epididymal steroid hormone receptor expression. J Endocrinol，2006.

[3]Weber K S，Setchell K D R，Stocco D M，et al. Dietary soy-phytoestrogens decrease testosterone levels and prostate weight without altering LH，prostate 5alpha-reductase or testicular steroidogenic acute regulatory peptide levels in adult male Sprague-Dawley rats. Endocrinol，2001.

[4]Jorge E. Chavarro，Thomas L. Toth，Sonita M. Sadio，et al. Soy food and isoflavone intake in relation to semen quality parameters among men from an infertility clinic. Human Reproduction，2008.

[5]Song G，Kochman L，Andolina E，et al. Beneficial effects of dietary intake of plant phytoestrogens on semen parameters and sperm DNA integrity in infertile men. 62nd American Society of Reproductive Medicine Annual Meeting，New Orleans，LA，October 21—25. FertilSteril，2006，86：s49.

[6]Food intake and its relationship with semen quality：a case-control study. Fertility and Sterility，2009.

[7]Eskenazi B，Kidd S A，Marks A R，et al. Antioxidant intake is associated with semen quality in healthy men. Hum

Reprod，2005.

［8］Hamilton-Reeves J M，Vazquez G，Duval S J，et al. Clinical studies show no effects of soy protein or isoflavones on reproductive hormones in men：results of a metaanalysis. FertilSteril，2009.

［9］Christopher R. Cederroth，Jacques Auger，Céline Zimmermann，et al. Soy，phyto-oestrogens and male reproductive function：a review. International Journal of Andrology，2010.

［10］Christopher Robin Cederroth，et al. Soy，phytoestrogens and their impact on reproductive health. Molecular and Cellular Endocrinology，2012.

［11］汪洋. 大豆异黄酮摄入与乳腺癌及前列腺癌发生风险的 Meta 分析. 第三军医大学硕士学位论文，2010.

［12］Hamilton-Reeves J M，et al. Isoflavone-Rich Soy Protein Isolate Suppresses Androgen Receptor Expression without Altering Estrogen Receptor-β Expression or Serum Hormonal Profiles in Men at High Risk of Prostate Cancer. Journal of Nutrition，2007.

［13］Nagata Y，et al. Dietary Isoflavones May Protect against Prostate Cancer in Japanese Men. Journal of Nutrition，2007.

［14］Teresa Cornwell，Wendie Cohick，Ilya Raskin. Dietary phytoestrogens and health. Phytochemistry，2004.

［15］C Nagata，et al. A prospective cohort study of soy product intake and stomach cancer death. British Journal of Cancer，2002.

［16］Taichi Shimazu，et al. Isoflavone intake and risk of lung cancer：a prospective cohort study in Japan. Am J ClinNutr，2010.

胡萝卜吃多了会维生素 A 中毒吗？

馒头家的花卷

流言：维生素 A 摄入过多有慢性和急性中毒的风险，胡萝卜中维生素 A 含量高，所以吃多了会中毒。

真相

胡萝卜中含有的是不是维生素 A 呢？让我们从头说起。

维生素 A 的发现可以追溯到 20 世纪初。当时，人们发现，除了碳水化合物、蛋白质和脂肪这三大营养素以外，还有另外一种特殊的营养物质对牲畜的健康起着非常重要的作用。随后，科学家先后发现了"水溶性 B 因子"（来源于谷物）和"脂溶性 A 因子"（来源于动物脂肪），它们分别被命名为"维生素 B"和"维生素 A"。由于维生素 A 在我们体内是以视黄醇的形式储存的，因此实际上维生素 A 一般指的就是"视黄醇"这种化学物质。

那么，维生素 A 对我们的身体有什么用呢？其实它的作用就摆在字面上呢。近年来很多人通过数码产品学会了 retina（视网膜）这个词，而视黄醇的英文叫做 retinol，你看，词根完全一样！中文里也一样，都有个"视"嘛。这种物质之所以被命名为视黄醇，正是因为人们发现它是合成视觉细胞中感光物质的关键，与人和动物的视觉功能有着紧密的联系，因此，维生素 A 缺乏症的常见症状就是夜盲症和视力减退（严重的会导致全盲）。除此之外，维生素 A 还可以帮助维持上皮细胞的结构，同时还能发挥生长激素的作用，因此缺乏维生素 A 的人，还会表现出皮肤干燥、角质化等症状，而对于儿童来说，缺乏维生素 A 将会严重影响身体的生长和发育。

维生素 A 对人很重要，但是脂溶性的维生素 A 在体内代谢速度很慢，过量摄入的维生素 A 会以视黄醇的形式储存在肝脏中，时间长了会引起慢性的肝损害；如果一次性摄入剂量太大，还会引发急性中毒，严重的甚至会导致死亡；对孕妇来说，有证据表明，在孕早期过量摄入维生素 A，会使胎儿致畸的风险显著上升。以前有欧洲探险者在北极吃了北极熊肝脏导致的急性维生素 A 中毒的案例（北极熊肝脏维生素 A 极高），现在偶见有皮肤病症状的成人按 20～30 倍于推荐摄入量服用维生素 A，或不根据医嘱而长期大量摄取维生素 A，最终发生慢性维生素 A 中毒。维生素 A 每日推荐摄入量为（视黄醇形式）：男性每日 2970IU（国际单位），相当于 891 微克；女性 2310IU，相当于 693 微克。

曲线救国的 β-胡萝卜素

由于维生素 A 是脂溶性的，因此在动物的脂肪，尤其是肝脏中含量丰富。只要能吃到足够量的动物性食品，保证维生素 A 的摄入就毫无压力。不过问题来了，像牛、羊这种食草动物，一辈子不碰荤腥，它们体内的维生素 A 是哪里来的呢？这里就要请出我们的另一位主角——β-胡萝卜素了。

β-胡萝卜素大家其实并不陌生，顾名思义，胡萝卜里面就含有大量的这种东西。但它和维生素 A 到底是什么关系呢？

从化学构造上看，β-胡萝卜素就是两个视黄醛分子尾巴接尾巴连起来的样子。只要把 β-胡萝卜素从中间劈两半，就能得到维生素 A。不过这个"劈"分子的工作，需要一种酶（β-胡萝卜素-15，15'-单加氧酶）的催化才能完成。在酶的催化作用下，一个 β-胡萝卜素分子被一分为二，末端再分别接上一个氧原子，就摇身一变成了两个视黄醛分子。食草动物和杂食动物（包括人类）体内都有这种酶，因此可以通过这种曲线救国的方式，从植物性食物中获取维生素 A；而纯食肉动物由于不需要这样的转化过程，体内也就几乎不存在这种酶啦。

β-胡萝卜素摄入过量会怎样？

所以，从动物性食品（如肝脏）中可以直接获取维生素 A（以视黄醇酯化物的形式），而 β-胡萝卜素并不是维生素 A 本身，而是它的一种前体。β-胡萝卜素要在体内转化成维生素 A，需要一个生化反应的过程才能完成。

在代谢过程中，物质的转化必然会涉及"转化率"这个概念。由于酶的活性因人而异，因此每个人将 β-胡萝卜素转化成维生素 A 的效率也有很大的差异。一般来说，日常膳食中这一效率大约是直接摄取维生素 A 的 1/12，因此，要想通过植物性食品来源中的 β-胡萝卜素来补充维生素 A，β-胡萝卜素含量必须达到一个较高水平才能够实现。

前面我们说到过维生素 A 摄入过量，但这些中毒症状都是由直接摄入视黄醇（酯）形式的维生素 A 引起的，摄入相同当量（即按视黄醇的 12 倍计算）的 β-胡萝卜素则没有观察到中毒症状，这是由于 β-胡萝卜素被吸收之后会先储存在肝脏和脂肪细胞等部位，等到身体需要的时候才会被转化为视黄醇——相当于增加了一层缓冲和调控机制。类似的是，我们吃葡萄糖下去，血糖立马就飙上去了，而吃其他一些糖类物质，由于受到限速酶的调控，血糖的升高就没那么快。

这些储存在身体中的 β-胡萝卜素几乎是没有毒性的，不过，过量的 β-胡萝卜素也不是对身体一点儿影响都没有——这种橙色的色素大量进入血液，能让你的皮肤变黄。大家可能经常听说有些孩子一口气吃了好多橘子（或者胡萝卜、南瓜），吃得脸都发黄了，这种症状被称为"胡萝卜素血症"。胡萝卜素血症听上去是个很可怕的名字，但是别担心，这种症状的恢复是一个良性过程，只要停止摄入含有大量 β-胡萝卜素的食物（胡萝卜、南瓜、红薯等）2～6 周，皮肤中的黄色就会自行消退，对身体健康也没有影响，只是普通的"面子问题"罢了。因此，通过 β-胡萝卜素的途径来补充维生素 A 这件事，其实是相当安全和靠谱的。

　　结论：谣言破解。爱吃胡萝卜的你不必担心吃多了会维生素 A 中毒。但如果你有维生素 A 缺乏症或者有一些需要吃维生素 A 的皮肤病，一定要谨遵医嘱。

参考资料：

[1]各种维生素，矿物质，辅酶的每日推荐摄入量和摄入最高上限.

[2]维基百科：维生素 A.

[3]维基百科：胡萝卜素.

[4]β-胡萝卜素在人体内转化为维生素 A 的过程.

西红柿籽发芽：
卖个"胎萌"而已，没那么可怕！

风飞雪

流言："有网友发现，切开一个自己准备拿来做菜的新鲜番茄后发现，本来应该安安稳稳躺在果实里的番茄籽，居然像豆芽一样发芽了！[1]发芽的番茄可能对人的身体健康有影响。"

❧ 真相 ❧

无独有偶，网上曾流传过一组据说是"受到福岛核电站辐射"的照片，当中也有在果实内发芽的番茄[2]。这不由得让人心中一阵嘀咕：种子在果实里就发芽，究竟是怎么回事？这样的番茄是否受到有毒有害物质的影响？吃它会不会对人体造成伤害？这还要从种子的习性说起。

睡还是不睡，这是个问题

众所周知，种子的使命是为植物传宗接代。同时，种子由于具有可以随着风、水、动物等传播的特性，因此可以使扎根于土地、不能随意移动的植物扩大其分布范围。此外对于很多草本植物来说，种子还肩负着度过不良环境（如寒冷、干旱等）的重大责任[3]。

不过，种子的这些特性给它带来了一个问题。由于种子具有一定的寿命，如果要完成传宗接代的任务，那么种子在成熟后尽快萌发才可以保证最高的成活率；然而，如果要完成传播或度过不良环境的任务，那么种子成熟后不能马上就萌发——否则，要么来不及扩散，要么就是发芽后随着不良环境的到来而死亡。因此，植物必须根据自身所处的环境，来选择合适的策略解决这一问题。

在对扩散和度过不良条件压力较小的环境中，植物会选择种子成熟后直接萌发的策略。例如很多红树种类，在果实还没有脱离植株的情况下，种子就萌发，长出长长的胚轴。然后随着掉落插入滩涂之中，形成了独特的"胎生现象"[4]。这一"种子果内长"的现象，被称作"胎萌"（vivipary）。此外，一些短生长周期的杂草需要在一年中完成多个生长周期，也会选择种子成熟后就立即发芽的策略。

不过，更多植物选择先让种子安静地睡一会儿，待到完成传播或度过不良环境后再来萌发。这一现象，被称作种子的休眠。大多数栽培作物的种子或长或短都要经历一个休眠的过程。这实际上经历了一个人为选择过程，因为如果种子没有休眠，过快萌发而造成胎萌，那么对于以收获果实和种子为食的人类来说，会造成产量下降、质量劣化的后果。而具有一定休眠期的品种则可以使人类有时间进行收获和储存作业。

如何睡，如何醒？

种子的休眠，可以由多个因素造成[5]。首先，植物可以采用延长种子成熟时间的方式，来起到休眠的作用。例如人参、冬青等，其种子看上去像是成熟了，但实际上胚还未发育完全；而苹果、桃、梨等，则需要胚内部进行一系列生理变化，即后熟作用，其种子才能获得发芽能力。其次，完整密实的果皮、种皮可以隔绝水和空气的进入，从而抑制种子的萌发。例如棉花、莲子等的种皮密实坚硬，是空气和水的良好绝缘体，这也是莲子能保存千年还能萌发的缘故。最后，一些化学物质的存在，可以诱导种子的休眠。例如高渗环境和有机酸就能有效抑制种子萌发，而一种重要的内源植物激素"脱落酸"（ABA），则可使种子保持休眠状态。有实验表明，缺乏内源性脱落酸的植物种子可以不经休眠就萌发。

因此，种子若要萌发，就需要打破上述这些条件的限制。在自然条件下，未发育成熟的种子，会经过后熟作用而获得发芽能力；而对于存在组织障碍的，则要通过微生物或动物的活动破坏障碍组织，促进发芽；而存在化学抑制物的，则可通过降水冲刷等过程去除抑制物。同时，随着种子的休眠以及寒冷等环境的诱导，脱落酸的浓度逐渐降低，而另一种内源激素"赤霉素（GA）"的含量开始逐渐上升，最终当赤霉素和脱落酸的量超过一定比例后，种子就做好了萌发的准备，一旦环境合适时，就能发芽了。

番茄发芽，并不可怕

对于番茄来说，它的种子自然也遵循着上面的规律。番茄属于浆果，它的种子浸泡在浓厚、液态的胎座里。番茄的种子具有一个较浅而短的休眠期[6]，这个休眠期，是由两个因素决定的，一个是胎座内脱落酸的浓度，另一个是胎座本身的有机酸含量。

在番茄种子发育时期，胎座和种皮内合成了大量的脱落酸，这些脱落酸可以抑制种子中发育成熟的胚不等胚乳发育完全就提早萌发。当番茄的胎座开始液化时，脱落酸的浓度到达顶峰。在这一期间采摘，可以获得可食但籽还不至于很硬的番茄。我们吃的番茄，大多就是在这一时期采摘的。如果继续等到胎座进一步液化、种皮进一步变硬，也就是我们感觉番茄"变老"时，脱落酸的浓度已经降低到不足以抑制种子萌发了。此时，起到抑制种子萌发作用的，是液化的胎座内大量的有机酸和高渗的环境[7]。

在番茄变老后，如果继续存放，那么情况就不同了。首先，胎座大量液化后会产生空洞，空气会储存于其中；其次，液化胎座中的有机酸、糖等成分由于番茄果实自身的代谢作用而被消耗，渗透压逐渐降低。在这两者作用下，番茄的种子便会逐渐失去抑制萌发的环境，在获得空气之后便萌发了。

此外，生产存储上经常采用低温来储藏番茄，而低温会诱导脱落酸含量的下降以及赤霉素含量的上升。因此，经过长期低温储存过的番茄，一旦拿到较为温暖的环境中，里面的种子就更容易萌发。番茄内部种子发芽，是果实过熟的一种表现。出现这一现象，意味着这个番茄内大量营养物质已经被消耗，口感变差。同时，发芽的番茄小苗相比于番茄果实，具有更多的龙葵素，所以如果要吃，需要将发芽的籽除去。不过，考虑到营养和口感，遇到这种情况，还是换一个番茄吧。

有人会怀疑番茄种子发芽可能是由于施加了生长调节剂（也就是常说的"植物激素"）造成的。首先需要说明的是，合法按量地使用生长调节剂是农业生产的常规手段，对人体并无伤害。其次，从上面的分析可以看出，赤霉素的确可以打破种子休眠，促进种子萌发。但是，赤霉素一般不施用于成熟番茄，而多用在播种前对种子做催种处理[8]，并且外源赤霉素的使用很难影响到种子内部内源性赤霉素的含量。因此，番茄种子萌发和施用生长调节剂之间，并没有直接联系。

此外还有人质疑这个番茄可能是被"辐射"或者是转基因品种。的确有若干基因的突变可造成植物种子更易于胎萌[9]。但值得注意的是，辐射造成的突变是随机的，对于一个大规模生产的品种的某个个体，其受到辐射而致突变的概率极低，致使特定基因突变的概率更可视为零。事实上，只有在辐照育种或化学诱变情况下才可能发生。"转基因之说"

则更是没有根据。曾经上市的几种转基因番茄，主要是降低乙烯产生以对抗果实软化，而如前文所说在果实不能充分软化时是不利于种子萌发的。更何况，现在市场上转基因番茄几乎已经完全退市，看到种子发芽便认为是"转基因"实在牵强。

结论：流言破解。番茄种子在内部发芽，其主要原因是由于番茄过熟。低温长期储存更会加剧这种现象。这种现象和植物生长调节剂的使用并无直接关系，更非受到辐射或转基因所致。种子发芽的番茄在除去芽后食用不会对人体造成伤害，但营养价值和口感均会下降，因此并不建议食用。

参考资料：

[1]鲁兆明的新浪微博.

[2]日本疑现巨大变异畸形农作物：或因核辐射产生.

[3]陆时万，等. 植物学（上）. 高等教育出版社，1992.

[4]吴国芳，等. 植物学（下）. 高等教育出版社，1992.

[5]武维华. 植物生理学. 科学出版社，2008.

[6]刘永庆. 番茄种子发育过程的形态和生理特性. 中国蔬菜，1994.

[7]刘永庆，等. 赤霉素和脱落酸对番茄种子发芽的生理调控. 园艺学报，1995.

[8]刘永庆. 预浸及赤霉素对番茄种子发芽的影响. 种子，1993.

[9]张莉，等. 种子胎萌机制研究进展. 细胞生物学杂志，2007.

洗豆子出现了泡沫？别害怕！

阮光锋

流言：打豆浆泡黄豆的时候会发现有很多泡沫。有些人会担心，植物食材里怎么会出现这么多泡沫呢？有人说那是脏东西，会危及健康。

❧ 真相 ❧

食物出现泡沫的情况并不少见，除了洗黄豆，洗或煮红枣、煮燕麦或者用开水冲燕麦的时候，水面上也会浮出一些泡沫。在家煮骨头汤，汤里也会有白色泡沫。这些泡沫都是怎么回事呢？有泡沫的食物可以吃吗？

泡沫是怎么产生的？

小时候玩过吹泡泡的同学都记得，弄一点肥皂水，摇晃均匀，用塑料圈蘸一下就可以吹出泡泡。所以对于能产生泡沫的东西，我们的第一印象都是肥皂水。而现在大家处在一个对于食品安全事件高度紧张的时代，不熟悉的食品现象常和奸商的不法行为联系在一起，食物中出现来历不明的泡泡，就成了颇让人紧张的事情。

其实，所谓"泡泡"，就是气体被液体隔开的分散体系。泡沫本身属热力学不稳定体系，通常纯液体不会产生泡沫，但如果液体中含有一种或几种具有起泡和稳泡作用的表面活性剂，就能产生持续数十分钟乃至数小时的泡沫。

表面活性剂（surfactant）指的是一类能够降低液体表面张力的化合物，当有搅拌等机械作用时，空气进入液体并被包埋进去形成泡沫。作为一种"两亲"分子，它既能和水分子亲热，也能和油分子亲热。肥皂中的硬脂酸盐就是典型的表面活性剂，所以肥皂水可以用来吹泡泡。

食物缘何起泡沫？

食物中的很多生物大分子都具有这种"两亲"的特征，最主要的就是蛋白质。比如燕麦，它含有丰富的优质蛋白——燕麦蛋白，其在燕麦中所占比例可达20%，这些蛋白有很好的起泡性，煮燕麦的时候会在沸水的翻滚下形成气泡。而骨头汤中的白色泡沫主要是因为烹调时肉骨头中的一些可溶蛋白溶解到汤里，蛋白质产生了起泡作用。

除了蛋白质，食物中还存在另一些具有表面活性作用的高分子物质，能够产生泡沫。比较常见的就是皂甙。

皂甙又名皂素、皂角苷，由皂甙元和糖、糖醛酸或其他有机酸组成，是一类较复杂的化合物。由于分子中含有亲脂的配基和亲水的糖基，皂甙也是很好的表面活性剂，其水溶液沸腾、振荡时能产生大量持久的蜂窝状泡沫。泡黄豆时的泡沫主要就是因为大豆里的皂甙，煮红枣时有泡沫也是因为红枣中有皂甙。

皂甙广泛存在于植物界以及某些海洋生物中，主要分布于五加科（常见的有人参、三七、西洋参）、豆科（常见的有名字中有"豆"字的食物以及花生，不含土豆）、桔梗科（常见的有党参、桔梗和沙参）、远志科等植物中。

除了会起泡，皂甙还是一类生物活性物质，对健康有一定益处。很多研究发现，皂甙有降血脂、降胆固醇、抗菌、抗病毒、抗氧化、抗自由基、抑制肿瘤细胞生长、免疫调节等作用。

不过，皂甙也是溶血剂，对消化道黏膜有刺激性，因其在食物中占的比例不高，所以食用并无风险，但是提纯后的皂苷就需要谨慎使用。

神奇的泡沫食物

你听说过泡沫美食吗？回想一下，啤酒的泡沫令人神清气爽，卡布奇诺咖啡的泡沫让人回味无穷。其实，泡沫美食早就存在于我们的生活中。泡沫是食品科学中最具吸引力的食物，制作泡沫也是料理界最先进的烹饪技术。

泡沫是食品工业中最具吸引力的食物之一，起泡性在食品加工中的应用十分广泛。利用起泡作用做成的美食有很多，如奶油、蛋糕、蛋白甜饼、面包、蛋奶酥、冰激凌等。这些或酥脆或爽滑的美食，都是因为起泡作用将空气包裹进了食材，才能有如此口感。食品生产中，有为了增强食物泡沫而使用的一类食品添加剂，即乳化剂。食品中含有水、蛋白质、脂肪、糖等多种组分的多相体系，很多都是互不相溶的。而乳化剂恰恰能使各组分相互融合，形成稳定、均匀的形态，方便食品加工。在食品工业中，常常使用乳化剂来达到乳化、起酥、发泡等目的，它还能改善食品风味、延长货架期。常见的乳化剂有甘油脂肪酸酯、卵磷脂、大豆蛋白提取物等。

制作泡沫也是料理界最先进的烹饪技术。被称为"分子美食"技巧之一的泡沫烹饪就是一项非常有意思的烹调技术。它就是通过烹饪将食物做出泡沫，给人以全新的体验。

结论：流言破解。食物中出现泡沫其实是一种很正常的现象，很多食物中的大分子，比如蛋白质和皂甙，都有促进气泡产生的作用，这些泡沫对人体并无危害。生活中，很多"泡沫食物"还是非常独特的美食。

煮肉汤表面的泡沫主要是肉中的一些可溶蛋白质溶出，由于水的沸腾而形成了泡沫，其中也会包裹一些油脂，这个泡沫其实是可以吃的，只是不好吃而已。

参考资料：

[1]管骁，姚惠源. 燕麦麸蛋白的组成及功能性质研究. 食品科学，2007.

［2］王延峰，贺晓龙，王艳宁，等. 红枣中皂甙的提取与分离研究. 安徽农业科学，2008.

［3］王先科，史莹华，王成章，等. 植物皂甙降低机体胆固醇的作用及其机理研究进展. 江西农业学报，2010.

［4］李广，李浩波，刘璐，等. 皂甙的生理活性及其应用研究进展. 中国农学通报，2003.

［5］赵维高，刘文营，黄丽燕，等. 食品加工中蛋白质起泡性的研究. 农产品加工，2012.

［6］苏杨. 分子烹饪原理及常用方法探讨. 四川烹饪高等专科学校学报，2010.

吃一口鱿鱼相当于吃 40 口肥肉？

阮光锋

流言："每 100 克鱿鱼的胆固醇含量高达 615 毫克，是肥肉的胆固醇含量的 40 倍，也就是说一口鱿鱼等于 40 口肥肉，高血脂、高胆固醇血症、动脉硬化等心血管病及肝病患者应慎食[1]。"

真相

鱿鱼中究竟含有多少胆固醇呢？不同的品种肯定稍有差异。中国食物成分表的数据显示，每 100 克鱿鱼干（含水率 21.8％）含胆固醇 871 毫克[1]；美国农业部数据则是，每 100 克鲜鱿鱼（含水率 78.55％）含胆固醇 233 毫克[2]，换成同等含水率的鱿鱼干，胆固醇含量约为 849 毫克。可见，鲜鱿鱼的胆固醇含量大约在 240 毫克左右，鱿鱼干大约是 850 毫克。相比之下，100 克猪肉（肥）含胆固醇 109 毫克，肥肉含水分 8.8％，换成干重，大约是 119.5 毫克。

从数据的对比来看，鱿鱼的胆固醇含量的确挺高，明显要高于肥肉，但并没有 40 倍那么大的差异，所谓"吃一口鱿鱼相当于吃 40 口肥肉"的说法并不准确。高血脂、高胆固醇血症、动脉硬化等心血管病患者也的确应该少吃鱿鱼等胆固醇含量较高的食物。研究发现，胆固醇摄入过高，尤其是低密度胆固醇摄入过高，会增加心血管疾病的风险[3]。通常建议，每天从食物中摄取的胆固醇含量不要超过 300 毫克[4]，意味着，大约吃 36 克的鱿鱼干或者 125 克鲜鱿鱼，胆固醇的摄入量就接近超标了。所以，鱿鱼虽然好吃，但每次还是不要多吃的好。

肥肉并不比鱿鱼健康

有人可能会想，既然肥肉的胆固醇含量比鱿鱼低，那是不是意味着肥肉比鱿鱼更健康呢？其实不然。

评价食物营养价值的高低并不能只看一种营养素。虽然肥肉的胆固醇含量低于鱿鱼，但肥肉并非更健康。因为肥肉的高能量和高脂肪对健康同样不利。要知道，100 克鲜鱿鱼的能量为 92 千卡，而同等重量的肥肉能量为 632 千卡；鲜鱿鱼的脂肪含量大约为 1%，鱿鱼干的脂肪含量也只有 5%，但肥肉（鲜重）的脂肪高达 88.6%[1]。肥肉的能量是同等重量鱿鱼的 7 倍左右，脂肪含量也比鱿鱼高了几十倍有余，而且大多是饱和脂肪。饱和脂肪对心血管健康更为不利[5]，美国心脏病协会指南就建议首先要控制总脂肪和饱和脂肪的摄入[6]。同时，鱿鱼的蛋白质含量为 17%，而肥肉只有 2.4%，鱿鱼对于补充人体所需的优质蛋白质也有较大帮助。鱿鱼中的钙、锌、硒等矿物质含量也要明显高于肥肉。所以，总体来看，鱿鱼的营养价值还是优于肥肉的。

吃瘦肉，少吃内脏和肥肉

肥肉不仅脂肪含量高，而且胆固醇含量也不低。瘦肉不仅含有丰富的优质蛋白，而且胆固醇含量也更低，如每 100 克鲜猪肉（瘦）的胆固醇含量是 81 毫克，牛肉（瘦）是 58 毫克，羊肉（瘦）是 60 毫克，鸡胸肉是 82 毫克。因此，建议平时尽量吃瘦肉，少吃肥肉。

动物内脏中往往胆固醇较高。如 100 克鲜重内脏的胆固醇含量为：猪肝 288 毫克，猪脑 2571 毫克，猪脾 461 毫克，猪腰子 354 毫克，鸡肝 476 毫克，鸭肝 341 毫克[2]。这些内脏的胆固醇含量都远远高于鱿鱼（每 100 克鲜重含 240 毫克）。要减少胆固醇摄入，就要尽量少吃所有胆固醇含量高的食物，更应该少吃动物内脏。

夏日食用海鲜的安全提示

每到夏天，吃海鲜喝啤酒成为了夜晚消遣的首选。不过，夏季温度高，海鲜产品往往更容易滋生微生物，食用时也要注意安全。

在外优先选择品质较好的海鲜餐厅，尽量不要在路边小摊进食，路边小摊可能无法保证海鲜的质量，食品安全风险也较高。

为了减少吃海鲜引发的食品安全风险，要尽量吃新鲜的海鲜，死亡太久及变质海鲜不要吃；选购时，尽量选活的，有异味的、死的等最好不要买。

在家烹调时一定要充分加热，尽量不要生吃。海鲜容易存在寄生虫、细菌的风险，此外各种深海鱼类、虾蟹在运输过程中也会再次遭受污染，细菌容易大量繁殖。海鲜中常见的病菌有副溶血性弧菌等，还可能存在寄生虫卵，以及加工带来的病菌和病毒污染。一般来说，在沸水中煮 4～5 分钟才能彻底杀菌。同时，加工及烹调时注意生熟用具分开，避免生熟食品交叉污染。

海鲜等水产品除了可能含有较多的胆固醇外，还可能存在重金属（铅、汞等）富集的问题，为了减少这些风险，建议每次吃海鲜要适可而止，不要因为它好吃就一次吃很多，一定要节制食欲，对海鲜河鲜浅尝辄止。一般来说，每天吃海鲜不宜超过 100 克[7]。

另外，海鲜也是一类嘌呤含量较高的食物，会升高尿酸，有血尿酸高和痛风问题的人，最好不要多吃。有些人对海鲜过敏，更应该避免吃海鲜。

结论：鱿鱼中胆固醇含量的确高于肥肉，但鱿鱼的脂肪含量低，蛋白质含量丰富，和肥肉相比是一种营养更好的食物，只要每次不吃太多，注意食品卫生，依旧可以成为夏季的一道美味。

参考资料：

[1]杨月欣，王亚光，潘兴昌. 中国食物成分表（2002）. 北京大学医学出版社，2002.

[2]Nutrient data for 15175，Mollusks，squid，mixed species，raw. USDA. National Nutrient Database for Standard Reference.

[3]Matthias Briel，Ignacio Ferreira-Gonzalez，John J You，et al. Association between change in high density lipoprotein cholesterol and cardiovascular disease morbidity and mortality：systematic review and meta-regression analysis. BMJ. 2009.

[4]Diet and Lifestyle Recommendations. Ameirican Heart Association.

[5]Patty W Siri-Tarino，Qi Sun，Frank B Hu，et al. Meta-analysis of prospective cohort studies evaluating the association of saturated fat with cardiovascular disease. Am J Clin Nutr，2010.

[6]Know Your Fats. Ameirican Heart Association.

[7]中国营养学会. 中国居民膳食宝塔. 2007.

可乐＋曼妥思，同食撑死人？

花落成蚀

流言：可乐＋曼妥思放一起能产生非常震撼而且迷人的井喷现象。据专家介绍，这是因为曼妥思含有一种叫做阿拉伯胶的化学物质，它遇到含碳酸盐成分的可乐后，水分子的表面张力更易被突破，会以惊人的速度释放更多二氧化碳，由于反应剧烈，产生的气体让可乐喷出很高。因为同样的原因，如果曼妥思和可乐一起在胃里相遇，会把胃给撑破，很危险！

真相

阿拉伯胶（Gum Arabic）是一种天然的植物树胶，取自两种金合欢属（Acacia）树木的汁液。它可能是世界上最早被人类利用的树胶，古埃及人曾用阿拉伯胶来黏合木乃伊身上的亚麻布。这种胶是水溶性的，是一种广泛使用的食品添加剂，常常被用作饮料的乳化剂、糖果或巧克力的糖衣。

曼妥思的成分中就有阿拉伯胶，这种物质与可乐喷泉有什么关系？这得从可乐中的气体说起。

可乐为什么会冒泡？

如何能让可乐从瓶里喷出来？其实很简单，摇一摇就好了。大家在生活中都遇到过这样的情况，不小心摇过的可乐，打开瓶盖后会马上喷出来；如果故意猛烈摇动，它可以喷出来好多。

可乐能够喷出来，靠的就是其中的气体——二氧化碳，而这种气体溶于水是遵循亨利定律（Henry's law）的。所谓亨利定律，指的是在一定温度时，气体在溶液中的溶解度与这种气体的平衡压力成正比。也就是说，为了让汽水里的气足够多，必须保证瓶内二氧化碳产生的压力足够大。在汽水的生产过程中，工厂会利用高压装置往水里添加二氧化碳，二氧化碳会溶解在水中，并和水反应，生成碳酸。灌入饮料瓶中时，一部分二氧化碳会从汽水中溢出，但因为瓶子是封口的，气体出不去，于是瓶内压力比较高，汽水内的二氧化碳含量也能一直保持较高的水平。但当瓶盖突然打开的时候，瓶内气压迅速变低，二氧化碳的溶解度也变低了。于是此时汽水中的碳酸就是过饱和的状态，而过饱和的碳酸会自发分解出二氧化碳。这就是为什么我们能够喝到有气的水，汽水为什么会不停地冒泡。

气泡的出现类似于空气中水汽的凝结，是一种成核作用，是需要凝结核的。如果你仔细观察过汽水，会发现气泡产生的位置往往固定不动。这些固定的位置可能是杯子上的瑕疵（例如微小的裂缝或是突起），或者是饮料中的杂质，它们被称作起泡点或是成核位置。成核作用是需要能量的：水中本身并没有供气泡容身的空腔，新产生的气体必须打破水分子之间的吸引力挤出一块空间来才能形成气泡。当水中有凝结核时，形成气泡需要的能量就小得多。气泡们也爱偷懒，所以它们几乎都会在固定位置出现。

剧烈摇晃汽水后再打开瓶盖会产生大量的气泡，其实也是因为类似的原理：摇动使饮料瓶中的气体和液体发生了混合，使气体包裹在液体内产生了气泡，瓶盖打开后这些气泡就作为凝结核，促进了汽水中二氧化碳气泡的产生——于是就从瓶口喷了出来。要验证这种说法很简单，摇晃一瓶汽水，但不要马上打开瓶盖，等过了足够长时间，瓶中的气泡都自然消失了再开盖，绝对不会喷。

有没有阿拉伯胶，可乐都能喷得高

往可乐里加入曼妥思，就相当于加入了大量的起泡点。这种糖看起来表面光滑，但在显微镜下却像是月球表面，坑坑洼洼的，密集地布满了突起和小坑。这也难怪大量的气泡会在曼妥思的表面产生了。

也许看到这里，亲爱的读者会问：你仅仅解释了曼妥思凹凸不平的表面会产生气泡，但无法排除阿拉伯胶可能会与汽水反应而产生气泡啊！

其实，早有人想到这个问题。著名的电视纪录片《流言终结者》里曾有实验，直接往可乐里加入纯的阿拉伯胶，完全无法产生那炫目的可乐喷泉。

不只是电视节目关注这个话题，科学家也对可乐喷泉的形成原因有浓厚的兴趣。美国阿巴拉契亚州立大学的科研人员唐亚·科菲（Tonya Coffey）做过一项非常深入的研究，探讨了可乐喷泉的形成机理。她尝试往不同种类的可乐里加入不同的物质（例如不同口味的曼妥思、糖、盐以及沙子），试图找出能喷得最高的组合。另外，她还检验了反应前后可乐的化学成分，发现可乐中只是气体变少了，其他的属性差异不大。

有了这么多事实，我们就能够确认了，阿拉伯胶在可乐喷泉这事儿上没帮上什么忙。

既然这样，那除了曼妥思，其他表面粗糙的物质也可以让可乐喷吧？没错，就是这样！

"可乐＋曼妥思"会吃死人？

既然曼妥思能制造可乐喷泉，那万一它们在胃里相遇了，岂不是要把胃给胀破？

表面上看，这个推测很符合逻辑。所以网上就有这样的传闻："巴西一小伙子吃了一大堆曼妥思又喝了很多可乐，结果他撑死了。"

果壳网谣言调查员查证了一大堆信息之后发现，这个冷极了的谣言居然是个"70后"，在 1979 年就开始传播了。而它脱胎于一个更古老的谣言——20 世纪 50 年代就流传的"跳跳糖和可乐同食会造成二氧化碳过多而撑死人"。但无论是哪一个，都是谣言，并没有这样一个小孩儿如此悲惨而无厘头地死去。

如果可乐和完整的曼妥思在嘴巴里相遇，倒真的会产生不少气体，让人喷出来。在可乐进入胃部的过程中大量的气体会溢出（于是你打嗝了），剩下的那些二氧化碳即使再遇到曼妥思也难以产生"可乐喷泉"。《流言终结者》做过实验，感兴趣的同学可以去找来看看，如果把可乐倒进猪肚后再放进曼妥思，猪肚并不会膨胀得特别厉害，更未发生胀破。所以，就算它们在胃里相遇，也不会发生什么特殊的事情。

结论：谣言破解。是曼妥思粗糙的表面让可乐中的气体加速溢出，形成了"喷泉"，而与阿拉伯胶无关。至于可乐与曼妥思同食，是不会撑死人的。

对了，忘了告诉大家如何才能制造一个最高的可乐喷泉。唐亚·科菲经过大量实验后发现，相同情况下，水果味儿的曼妥思和健怡可乐的组合是喷得最高的！

参考资料：

[1]汽水中的气泡．

[2]Tonya Shea Coffey. Diet Coke and Mentos：What is really behind this physical reaction? Am J Phys，2008.

[3]A mixture of Mentos and Coca-Cola killed two Brazilian children.

第二章

健康"箴言"快终结

喝奶不如去吃菜，牛奶越喝越缺钙？

少个螺丝

流言：牛奶含钙量并不高，许多蔬菜的钙含量远高于牛奶。喝牛奶反而会缺钙，因为喝牛奶会使人体血液变酸，从而导致钙流失，最终容易发生骨折、骨质疏松。[1]

❧ 真相 ❧

先来说一下什么是补钙。补钙，主要指的是补骨钙，人体中有 99% 的钙存在于骨骼中，另外的 1% 则参与人体各种生化反应。但是，并非所有吃到肚子里的钙都能轻易地补到骨头上。首先，人体摄入的钙要能被吸收，其次，这部分被吸收的钙还要真正被用来"补"到骨头上，而不是随着尿液被排出体外。因而，补钙的过程取决于三个因素：摄入量、吸收率、生物利用率。

钙含量高不一定能补钙

单纯看含钙量，100 克牛奶含钙 110 毫克左右，在各种食物中的确不能算是最高，一些海藻、干燥的小鱼小虾、芝麻等食物的钙含量都比牛奶要高。不过要知道，首先牛奶中有 90％都是水，如果把这部分水去掉，其钙含量可以提高近 10 倍，也因此，一些奶制品的钙含量会大大提高，比如 100 克的埃门塔尔奶酪含钙量高达 1000 毫克。其次，牛奶钙的吸收率达到 32％以上。因为牛奶中 1/3 的钙是以游离态存在的，直接就可以被吸收，另外 2/3 的钙结合在酪蛋白上，这部分钙会随着酪蛋白的消化而被释放出来，也很容易被吸收。最后，牛奶中钙的生物利用率也特别高。当同时吸收钙和磷的比例在 0.5～3 之间的时候，钙被保留在骨头上的效率最高。而牛奶中钙和磷的比例在 1.3∶1。可以看出，牛奶的确是人类膳食中不可多得的优良钙源。

至于蔬菜，首先并没有多少蔬菜的含钙量高于牛奶。其次，由于大多数蔬菜中都含有草酸，而草酸会降低包括钙在内的许多矿物质和微量元素的吸收，使得蔬菜中钙的吸收率较牛奶要低得多，比如菠菜中钙的吸收率只是牛奶中钙的 1/6[2]。蔬菜中唯一的一朵奇葩，就是卷心菜。卷心菜中的钙的吸收率和牛奶一样高，但是其中的钙含量仅仅为每百克 30 毫克。也就是说，别人早晨只需要喝 300 毫升牛奶（有点多，好歹还是能喝下去）或者吃 30 克奶酪就能摄入 300 毫克的钙，如果你执意要通过吃卷心菜来补钙，你得吃 1 公斤的卷心菜！

喝牛奶导致钙流失？

流言中提到，一旦喝牛奶或者吃肉食就可能会导致体液变酸，然后骨钙就会被释放出来中和酸性。这样的说法完全没有科学依据。

　　首先，所谓"食物的酸碱性会影响到体液的酸碱性"没有任何科学根据。引起体液变酸的主要"元凶"是氢离子。人体中氢离子的来源，主要是糖类代谢产生的二氧化碳溶于水产生的碳酸氢根和氢离子，这称为呼吸性酸；次要来源则是含硫和磷的一些化合物以及代谢产生的有机酸（比如乳酸），这些称为代谢性酸。呼吸性酸的量远大于代谢性酸的量。健康情况下的机体有一套完整的机制可以将体液维持在一个正常的酸碱范围内。这套机制主要包括血液中的缓冲系统以及肺和肾脏的调节作用。血液中最重要的缓冲体系是碳酸氢钠缓冲溶液（$NaHCO_3 - H_2CO_3$）。肺可以通过改变呼吸的频率来改变带走二氧化碳的量，以调节血液中碳酸的浓度，而肾可以通过改变对碳酸氢钠的重吸收作用来调节其浓度，从而最终使血液 pH 值维持在一个正常的范围内。血液中还存在其他的缓冲系统，但都不会需要钙离子的参与。血液中的钙离子主要是参与一些神经组织的活动。由此可见，体液有其自身的酸碱调节机制，一个健康的人不会因为摄入正常食物而导致体液酸碱失衡，更不会导致分解骨钙。

　　其次，人体骨骼总量是增长还是减少，取决于造骨细胞和蚀骨细胞的共同作用。通常从出生到青少年阶段，造骨细胞起主导作用，其合成骨骼的速度大于蚀骨细胞分解骨骼的速度，因而人体骨骼会变粗变致密。到三四十岁左右，人体骨骼重量达到巅峰，之后，蚀骨细胞对骨骼的侵蚀速度快于造骨细胞合成骨骼的速度，人体在慢慢地流失骨质（女性在更年期之后由于荷尔蒙的原因，骨质流失速度比男性更快），最终导致骨质疏松。与流言中提到的所谓摄入高蛋白含量的酸性食物会导致骨质流失相反，有大量研究表明，提高蛋白质的摄入量，不论是动物性蛋白还是植物性蛋白，不仅不会导致骨钙流失而变得骨质疏松，反而有助于骨骼健康。因为摄入的蛋白质会刺激胰岛素生长因子 IGF-1 的生成，从而刺激骨骼形成，增加骨重量[3]。

此外，骨骼作为钙质的"仓库"，对于维持血液中钙的浓度有着重要的作用。当通过饮食摄取的钙质不足以维持血钙浓度的时候，蚀骨细胞则会分解骨骼释放钙离子以维持血钙浓度。因此，保证日常饮食能摄取足够的钙质，一方面可以在青少年时期"深挖坑，广积粮"，储存足够的骨质以应付未来的骨质流失，另一方面也可以在中年以后尽量维持血钙浓度，从而减缓骨质流失的速度。

至于流言中作为"证据"提到的不同国家和地区的饮奶量和骨质疏松情况的对比，最大的问题在于是否有可比性，因为不同地区的人的生活习惯和环境都很不同，很难直接确定饮奶量和骨质疏松情况之间的关系。就拿经常提到的亚洲人喝奶少却少见骨折和骨质疏松为例。首先，很多亚洲国家都属于发展中国家，医疗卫生条件相对落后，因而对于骨质疏松情况的检出和统计的数据不一定准确。而在医疗条件相对发达的中国香港和新加坡，腿骨骨折数量仅仅略低于美国。其次，与北欧人种相比，东亚和东南亚人种的体型也相对较小，较小的体型相对不容易骨折。

相反，对于同一地区或同一人种的研究则表明，饮用牛奶和奶制品可以显著提高青春期人体的骨骼增长，对维持骨骼总量也有用处。比如一项持续 12 个月的对 48 名 11 岁白人女孩的研究表明，每天通过乳品摄入 1200 毫克钙的女孩的骨密度的增加量，比对照组（日常饮食）有显著的提高，而且增加乳品摄入与体重增加和体脂肪含量没有联系。[4] 一项对北京地区 649 名 12～14 岁女孩的调查研究也显示乳品摄入有益于增加骨重量。[5] 而另一项持续 3 年的对 200 名 55～59 岁的绝经后中国妇女的研究也显示，摄入高钙奶粉有利于预防骨质流失。[6]

结论：谣言破解。牛奶是不可多得的优质钙源，既有较高的含钙量，其中的钙质又很容易被人体吸收和利用。喝牛奶或者吃乳制品不但不会缺钙，反而有助于增加骨重量，预防骨质疏松。

参考资料：

[1] 牛奶的巨大危害！建议彻底禁食"牛奶、肉、鱼、蛋".

[2] Weaver C M，Proulx W R，Heaney R. Choices for achieving adequate dietary calcium with a vegetarian diet. Am J Clin

Nutr，1999.

[3] Bonjour J P，Schürch M A，Chevalley T，et al. Protein intake，IGF-1 and osteoporosis. Osteoporosis International，Volume 7，Supplement 3：36-42.

[4]Chan G M，Hoffman K，McMurry M，et al. Effects of dairy products on bone and body composition in pubertal girls. J Pediatr，1995.

[5]Du X Q，et al. Milk consumption and bone mineral content in Chinese adolescent girls. Bone，2002.

[6]Lau E M，Lynn H，Chan Y H，et al. Milk supplementation prevents bone loss in postmenopausal Chinese women over 3 years. Bone，2002.

蜂蜜能预防龋齿吗？

全春天

流言：蜂蜜能洁齿。蜂蜜中含有类似溶菌酶的成分，对各种致病病菌有较强的杀菌和抑菌能力，经常食用蜂蜜并注意口腔卫生，能预防龋齿的发生。

真相

蜂蜜，一直被人们视作“纯天然”的“良药”，它的“保健”作用甚至“医疗”效果被广泛宣传。如何摆脱对这些“功效”的迷思，可以去果壳网上看看松鼠云无心的文章《不要迷恋蜂蜜，虽然它有美好的传说》。这里只针对流言来谈谈“蜂蜜防龋”。

蜂蜜不能预防龋齿，反而具有致龋性。这一点不但得到了动物实验的证实[1]，相关人群的调查研究也支持多食用蜂蜜患龋齿更多[2]、少食用蜂蜜少患龋齿[3]的看法。而流言中作为防龋依据的类似“溶菌酶的成分”，只是蜂蜜具有“杀菌和抑菌能力”的一种推测，并未经证实。退一步说，即使蜂蜜具有抗菌活性也不意味着它没有致龋性，更不等于防龋。

糖的伪装，致龋的帮凶

蜂蜜的主要成分就是糖，含有 30％的葡萄糖和 38％的果糖以及小部分蔗糖[1]。而龋齿与糖的关系密不可分。引起龋齿的是口腔里的细菌，它们在牙齿表面黏附生长，形成牙菌斑。糖则是这些细菌最喜欢的食物。细菌代谢糖所产生的酸性物质是构成牙齿的矿物质最怕的东西，当酸性高到一定程度，这些矿物质开始流失，龋齿也就发生了。吃糖越多，龋齿越严重。

虽然不同的糖具有不同的致龋能力，从最强的蔗糖，到葡萄糖，再到麦芽糖、乳糖、果糖，但只要它们进入到你的口腔里，依附在牙齿上，就或多或少会给你的龋齿之路"添砖加瓦"。许多口香糖品牌推出所谓"防治龋齿的木糖醇口香糖"，其实也只是因为使用了不能被致龋菌利用的木糖醇作甜味剂，避免了更多糖的接触，木糖醇本身并没有防治龋齿的作用。

糖的致龋机理清晰明确，含有大量糖分的蜂蜜难辞其咎。人群调查也确实发现过度摄入蜂蜜与龋齿水平明显相关[2]，少吃蜂蜜的人患龋齿的可能性更小[3]。

抑菌≠防龋

蜂蜜"防龋"的说法，很可能是对蜂蜜抑菌研究的错误衍生。国内的类似宣传常提到一位名叫莫兰（Molan）的学者，并依据他的研究和观点推出蜂蜜可防龋[4]。这其中是存在曲解的。

莫兰是新西兰一位研究蜂蜜的生物化学助理教授[5]。他在一篇综述中谈到，蜂蜜在抗菌活性方面有不少研究结果，提示我们食用蜂蜜可能有减少龋病发生风险的作用，但还需要实验的证实[5]。如果我们就此认为他认同蜂蜜可以防龋，似乎不够充分。

尽管有研究发现未经稀释的和高浓度（75％）的蜂蜜对体外培养的变异链球菌具有抑制作用[6]，但完全看不出其有口腔抑菌方面的可行性。（没人会"干喝"纯蜂蜜的，齁死人不负责呀！）而抗菌机理的推测，不论是葡萄糖氧化酶代谢葡萄糖产生有抑菌作用的过氧化氢，还是所含的黄酮类化合物起到抗菌的作用，都不足以支持防龋的说法。（能达到有效作用的浓度吗？）

说再多感觉还是遥远，不如来看看威廉博士和他的同事用大鼠做的实验吧，能让我们对"蜂蜜与龋齿"有更直观的感受[1]。实验比较了蜂蜜（10％的稀释液）、可乐、牛奶和人奶的致龋性，结果发现，喂食蒸馏水的大鼠保持牙齿光洁，而那些喝蜂蜜水的大鼠已经是一口烂牙，不仅色泽深黄，牙釉质也被严重侵蚀。

在实际的龋病预防中，"杀菌和抑菌"并非常规措施，勤刷牙、用牙线、用含氟牙膏才是正道。喜欢蜂蜜的话，平时喝喝无妨，像吃完糖那样，做到及时漱口，清洁口腔，就不会带来大的危害。如果为预防龋齿而经常喝，就完全没必要了。

结论：谣言粉碎。蜂蜜不防龋，反而具有致龋性。高浓度蜂蜜可能具有一定的抗菌作用，但不等于食用蜂蜜有预防龋齿的作用。

参考资料：

[1] William H Bowen，Ruth A Lawrence. Comparison of the Cariogenicity of Cola，Honey，Cow Milk，Human Milk，and Sucrose. Pediatrics，2005.

[2] Dasanayake A P，Caufield P W. Prevalence of dental caries in Sri Lankan aboriginal Veddha children. Int Dent J，2002.

[3] Feldens C A，Vítolo M R，Drachler Mde L. A randomized trial of the effectiveness of home visits in preventing early childhood caries. Community Dent Oral Epidemiol，2007.

[4] 蜂蜜有防龋作用.

[5] Molan P C. The Potential of Honey To Promote Oral Wellness.

[6] J Ghabanchil，A Bazargani，M Daghigh Afkar，et al. In Vitro Assessment of Anti-Streptococcus Mutans Potential of Honey. Iranian Red Crescent Medical Journal，2010.

"发物"会影响伤口愈合吗？

赵承渊

流言：在日常生活中有六类"发物"，当身上有伤口或长了疮、痈，发生红肿时都不宜食用。一为发热之物，薤、姜、花椒、胡椒、羊肉、狗肉等；二为发风之物，如虾、蟹、香蕈、鹅、鸡蛋、椿芽等；三为发湿热之物，如饴糖、糯米、猪肉等；四为发冷积之物，如西瓜、梨、柿等各种生冷之品；五为发动血之物，如海椒、慈姑、胡椒等；六为发滞气之物，如莲子、芡实等。现代临床研究证实，忌食"发物"对于外科手术后减少伤口感染和促进伤口愈合具有重要意义。

❧ 真相 ❧

忌食"发物"是中国民间广为流传的一种说法，很多时候患者会被告知不能吃"发物"，不然不利于疾病治疗和机体康复。据传，明太祖朱元璋登基后大肆屠戮功臣。大将徐达当时患背疮，忌食"发物"鹅肉。朱元璋听闻后便赐鹅肉与徐达，徐达食用后背疮发作而亡。可见在传说中，"发物"的力量不可小觑。

　　长长的"发物"名单包罗万象，"忌口"在操作上显得越发困难。经历手术或外伤后仍处愈合期的患者对此颇有疑惑，"我要不要忌口"成为外科医生最常回答的问题之一。

　　然而，到底何谓"发物"，经典的传统医学典籍上却似乎没有明确说明。从名单来看，民间所谓"发物"多是一些具有刺激性或蛋白质和脂肪含量较高的食物，前者以辣椒等调味品为代表，后者则以易引起过敏的蛋、奶、红肉和海鲜为代表。有些极端的说法甚至把糖也作为"发物"列了进来。不可否认，某些特定人群在食用这些食物时的确需要加以控制，然而伤口愈合时真的也不能吃这些吗？

伤口愈合的过程

　　一般来说，伤口愈合可以大致分为三个阶段。受伤早期，伤口出血并形成血凝块，纤维蛋白充填其间，起到止血和封闭外部环境的作用；随着伤后时间的推移，新生的毛细血管和成纤维细胞开始出现在伤口内部，旧有的血凝块被分解吞噬，肉芽组织占据受损部位，随着肉芽组织内胶原纤维的增多，肉芽组织逐渐转变为纤维组织，伤口变得坚硬，瘢痕逐渐形成；到了后期，瘢痕组织开始逐渐塑形，以适应局部生理功能。

　　伤口愈合受多方面因素的影响，其核心在于执行修复功能的各类细胞能够良好地完成自己的工作。这些影响因素可以分为两类，一类为局部因素，另一类则是全身性因素。

伤口愈合受哪些因素影响？

感染是伤口愈合的大敌。一旦伤口内存在致病菌的活动，病菌产生的酶及毒素等会大大干扰正常的愈合过程。严重时伤口内会形成化脓性病灶，加重组织的破坏。在受伤后通常要进行清创消毒，正是为了最大限度地预防感染，促进愈合。如果伤口缺损过于严重或伤口内存在异物，那么愈合速度也会大大减慢，缝合就是拉拢创缘，缩小缺损。受伤后局部处置不当，组织受压缺血缺氧会导致愈合延迟。一些特殊部位受伤后要保持稳定并制动，反复牵拉也会影响愈合。以上这些都是影响愈合的局部因素。

至于全身性因素，营养不良的患者缺乏机体修复所必需的蛋白质、微量元素等营养物质，这无疑会对伤口愈合造成不利影响。糖尿病控制不佳或因患有艾滋病等免疫力低下的患者，细胞功能受抑，伤口也易感染并延迟愈合。另外还有年龄因素，老年人的伤口愈合速度也会较年轻人慢。长期服用某些细胞毒性药物或者糖皮质激素的患者，愈合功能也会下降。总体来说，伤口的愈合情况也可看作全身性因素在局部的反映。

所谓"发物"与伤口愈合

综上所述，如果说有所谓的"发物"会对伤口愈合产生影响，那么它必将通过局部和全身两种途径起作用。伤口感染与病原微生物污染和孳生有关，消毒和保持局部清洁干燥是防治感染的关键。目前没有证据显示食物会增加伤口的感染率，其中自然包括那些"发物"在内。当然，如果某些食物会引起过敏，那么就应当避免摄入，这无论对健康人还是伤口愈合期的患者来说都一样。

较轻的浅表外伤对全身的影响微乎其微，愈合时并不要求动员很多的营养储备，这种外伤不必刻意追求高营养，同时，诸如"发物"这些高脂高蛋白或刺激性食物也不会对愈合产生不利影响。而重大外伤或大手术后的患者处于应激状态，机体以分解代谢为主，此类伤口的愈合需要动员大量的营养储备，此时患者应补充足够的营养。富含蛋白质和脂肪的"发物"反倒是患者应当重点摄入的对象。即便患者因为病情所限不能进食，医生也会对此类患者静脉补充高营养。至于刺激性发物如辣椒等，只要胃肠功能允许且没有禁忌，并不排斥适量摄入。流言中称"忌食'发物'对于外科手术后减少伤口感染和促进伤口愈合具有重要意义"是毫无根据，站不住脚的。

发物的神秘源自对食物进行性味归经的传统认识。现代医学的临床实践并不支持忌食"发物"的观点。在人们对食物进行了科学分析、对食物的成分已了解得较为透彻的现在，"发物"影响伤口愈合的固有观念必然会逐渐淡化。

结论：谣言粉碎。"发物"不是一个明晰的概念。在对伤口愈合的过程和影响愈合的局部或全身性因素的认识都比较明确的基础上，医学上不认为以高脂高蛋白为特点的所谓“发物”会影响伤口的愈合。

参考资料：

［1］郑树森. 外科学（第 2 版）. 人民卫生出版社，2011.

［2］Townsend C M，Beauchamp R D，Evers B M，et a1. Sabiston Textbook of Surgery：The Biological Basis of Modem Surgical Practice. 18th ed. Philadelphia，Elsevier-Saunders，Philadelphia，191-216.

炸鸡丰胸，男女皆宜？

箫汲

流言：一名男子自青春期开始贪吃炸鸡，引起胸部疯长，如今胸部已升级为 B 罩杯。医生表示这类患者普遍爱吃炸鸡。[1]

❧❧ 真相 ❧❧

女性朋友都希望有一对高耸的双峰，不过当双峰长到一个男人的胸前时，就多少让当事人啼笑皆非了。其实，男性像青春期少女一样出现乳房增大的现象并不鲜见，医学上甚至有一个专有名词来描述这一现象——男性乳房发育（gynecomastia）。该病在人群中的发病率高达 32％～65％[2]。这一数据乍看让人大吃一惊，不过男士大可不必为此惊慌失措，因为导致男性乳房发育的原因有很多，有些是正常的生理现象，有些是严重的疾病，有些则是因为肥胖。

胸部怎么就发育了呢？

引起男性乳房发育的原因，最常见的就是生理因素。很多男性在青春期发育过程中都会出现这种现象，往往表现轻微，仅仅是乳晕增大，或轻微的乳头肿胀，但有时也会很严重，甚至发育出令女性也羡慕嫉妒恨的"傲人胸部"。大多数患者在一两年后胸部都会恢复正常，不过偶尔也有一直不恢复甚至需要手术矫治的病例存在。

另一种常见的原因是药物因素。有相当多的药物可能引起男性乳房发育，比如胃药西咪替丁、多潘立酮（吗丁啉），抗真菌药酮康唑，利尿药螺内酯（安体舒通），等等。这些药物有的是因为抑制了肝脏分解和代谢雌激素的能力，有些是因为抑制了雄激素的产生，还有一些本身就有类似雌激素的生理作用，才产生促进乳房发育的副作用。另外，还有些人听信偏方，用避孕药（含雌激素）来"治疗"脱发，结果脱发没治好，反而出现了男性乳房发育。上述这些药物，除了雌激素和雄激素抑制剂（主要用于治疗前列腺癌）以外，发生男性乳房发育副作用的概率大都不高。一般来说，在医生的指导下使用这些药物还是比较安全的，一旦出现男性乳房发育的征象，及时停药，大多数患者都能自愈。

还有一些情况引起的男性乳房发育就没上述那么乐观了，因为它有时也是某种严重疾病的征象，比如乙肝和肿瘤。中国是乙肝大国，也是乙肝后肝硬化高发的国家。肝硬化病人的肝脏清除人体代谢废物的能力下降，因此分解代谢雌激素的能力也有所下降（是的，男人也会分泌少量雌激素，还有一些来自于食物），进而引起男性乳房发育。另外，一些垂体、肾上腺，甚至肺部的良性或恶性肿瘤会分泌雌激素、催乳素或人绒毛膜促性腺激素等；一些先天性疾病，如性染色体为 XXY 的先天性睾丸发育不全综合征（也称为克氏综合征，Klinefelter's Syndrome）、隐睾症，或者是睾丸的炎症、肿瘤或损伤会导致雄激素分泌减少，都可能引起男性乳房发育。

最后，由肥胖引起的男性乳房发育现在正呈逐渐增加的趋势。很多人还停留在以为脂肪细胞只是一种讨人厌的、储存脂肪用的容器而已的认识阶段，殊不知脂肪细胞也是人体内分泌系统的重要组成部分，可以分泌多种内分泌激素。最令广大微胖界男士忧心忡忡的是，脂肪细胞亦拥有将雄激素转换成雌激素的功能。现实中我们经常可以看到肥胖人士双乳下垂耷拉的情景，这下垂的双乳未必完全是脂肪堆积的效果，可能已经开始出现乳房发育的征象而不自知。

炸鸡，不该扛下所有的错

说了那么多，再回到流言本身。我们知道，引起男性乳房发育的原因是那么的多，所以一味地将发病归结于爱吃炸鸡是不合适的。要确定乳房发育原因，首先要考虑是否由某种疾病引起，还要询问患者曾经服用的药物等，排除上述所有因素以后，才能考虑是否源于食物。

炸鸡一直被认为是种"垃圾食品"。由于在烹制过程中会吸收大量油脂，因此炸鸡的热量非常高，确实不是如今提倡的健康食物。访问麦当劳网站查询食物的热量，会给你留下更直观的印象———一对炸鸡翅看起来不大，但光脂肪就有18克，总热量高达240千卡[3]，占一个轻体力劳动成年人每日所需的12%，也就是说，一个都市白领每天早中晚各吃3对炸鸡翅就能满足全天的能量需求。爱吃炸鸡翅等"垃圾食品"的人容易因为热量摄入过多导致肥胖，而肥胖又是引起男性乳房发育的原因之一。因此，医生观察到男性乳房发育的患者多有爱吃炸鸡的习惯也不足为奇。当然，这一切都是脂肪作祟，并不像传说中的"鸡翅里含有激素"，因为养鸡的过程中根本不需要使用激素。

但必须强调的是，虽然爱吃炸鸡的男士容易变得肥胖，而肥胖又容易导致乳房发育，但爱吃炸鸡与肥胖、男性乳房发育三者之间并不存在必然的联系。毕竟，如果一个人常吃炸鸡，同时又非常爱运动，通过运动将摄入的多余热量都消耗掉了，那么他还是能保持健康匀称的体态。如果把男性乳房发育问题等同于吃炸鸡，反而模糊了导致疾病的真正原因，也不利于引起大家对肥胖问题的重视。

结论：流言部分破解。对整个人群来说，多吃炸鸡导致的肥胖确实会增加男性罹患男性乳房发育的风险。但是具体到个人，还要根据临床情况和病史进行综合判断，不能武断地将病因归结到某一种食物上来。

参考资料：

[1]武汉男子青春期贪吃炸鸡，胸部长成 B 罩杯.

[2]Rohrich R J，Ha R Y，Kenkel J M，et al. Classification and management of gynecomastia：defining the role of ultrasound-assisted liposuction. Plast Reconstr Surg，2003.

[3]麦当劳网站.

盘点有关食品营养与安全的误区

阮光锋

流言：李开复老师曾在微博上说："我降低食物中毒概率的做法有九条。一是自己种菜，买有机农场菜；二是吃中国台湾、东南亚水果；三是多吃牛羊（因为它们吃草），少吃猪鸡鸭；四是吃欧洲三文鱼、鳕鱼；五是水过滤后，再用美国锅煮沸；六是喝新西兰奶粉、合资品牌'万得妙'的牛奶酸奶；七是吃乡下柴鸡蛋、柴鸡、皮蛋、酱油；八是吃中国香港和中国台湾的面条、罐头、零食；九是吃泰国米。"

❧ 真相 ❧

如何在食品安全事件频发的当下做到饮食的健康和安全呢？李开复老师分享了他的食品安全方案。不过，从食品营养和安全的角度看，这些方案存在着一些误区。

误区1：有机食品一定更安全更健康

在一般人的理解里，有机食品代表纯天然的健康食品。但是，英国食品标准局（UK Food Standards Agency）日前对55项相关研究进行总结后发现，从营养质量角度比较，有机食品和常规食品间没有差异[1]。法国食品安全局（French Agency for Food Safety）对食品中的干物质、碳水化合物、蛋白质、脂肪、矿物质、维生素及一些植物营养素等进行综合分析，结果发现，目前的研究也无法判定有机食品更营养[2]。

而在安全方面，有机食品也未必更优。一般来说，有机食品在生产和加工中不使用人工合成的化学物质，如化肥、化学农药、化学生长调节剂和添加剂及转基因技术，是依靠纯天然物质生产的食品。而根据中国国家标准规定，有机农业允许使用植物源农药[3]。已有研究发现，植物源农药对环境和动物也存在一定的危害[4][5]。如果有机农业的植物源农药没有控制好使用量，依然可能存在较大安全风险。因此，不管是使用合成农药还是植物源农药，安全与否的关键还在于是否合理使用和监控安全的残留量。

法国食品安全局对有机食品和常规食品中的对比分析发现，有机食品中的杀虫剂残留通常会更低，但对重金属、二噁英、真菌毒素、微生物等危害物残留分析也发现，无法判定哪一种体系的食品更安全[2][6]。

总之，目前对有机食品和常规食品的营养质量与安全的对比还停留在常规的化学分析和动物实验上，尚未有足够的证据证明二者有何差异，所以，有机食品也未必更营养、更安全。

误区 2：中国香港、中国台湾和国外的食品一定是安全的

就说最近几年的新闻吧。2010 年 6 月，国家质检总局共检出 14 批次的乳制品不合格，其中包括 25.25 吨新西兰公司出品的全脂奶粉，还有约 150 吨新加坡全脂奶粉检出阪崎肠杆菌，有 1 吨来自美国的牛初乳检出亚硝酸盐超标，有 2 批次共 53 吨来自澳大利亚的有机婴幼儿奶粉检出磷含量不符合国家标准要求；另有约 172 吨来自澳大利亚的婴幼儿配方奶粉也检出锌超标[7]。2011 年，出血性大肠杆菌污染事件致使德国 50 人丧命[8]。2010 年，沙门氏菌食物中毒事件迫使美国畜牧业召回了 5.5 亿枚鸡蛋[9]。根据美国疾控中心公布的数据，美国每年有 4800 万人次因为食物得病，相当于美国人口的 1/6，其中 12.8 万人次严重到入院治疗，3000 人死亡。还有 2011 年的中国台湾地区塑化剂事件，相信大家都有所耳闻。从这些案例来看，中国香港、中国台湾及国外的食物也存在安全隐患。

误区 3：水果还是亚热带的好

开复老师之所以推崇东南亚和中国台湾的水果，可能是认为亚热带的水果受阳光照射的时间更长，光合作用更彻底，所以营养素就更多吧。有项研究对 10 种亚热带水果和 4 种北方水果进行测定，发现亚热带水果中的钙、碳水化合物及蛋白质的含量高于北方水果，而北方水果中个别品种的维

生素 C 含量很高，总体而言，亚热带水果和北方水果中整体营养素的含量基本上没有什么差别[10]。其实，不同地域的水果都有自己独特的营养所在，并不能以偏概全地认为某地的水果就一定更好。

误区 4：柴鸡和柴鸡蛋更营养安全

消费者往往也认为柴鸡和柴鸡蛋的营养价值更高，也更安全，这还是源于对"纯天然"的迷信。

事实上，从营养价值来说，柴鸡蛋的脂肪含量较鸡场蛋高 1% 左右，胆固醇含量也较高，不饱和脂肪酸含量无显著差异[11]。然而，有分析结果表明，鸡场饲养鸡鸡蛋的维生素和矿物质等营养素含量略高于柴鸡蛋[12]，这可能是由于复配饲料当中所提供的维生素和矿物质更为充足。对柴鸡和鸡笼养鸡进行研究发现，这两种鸡肉的营养价值也没有差异[13]。可见，从营养价值来看，柴鸡蛋和鸡场蛋、柴鸡和鸡笼养鸡整体上大同小异，很难说孰优孰劣。

从安全性来说，柴鸡和柴鸡蛋更可能存在安全隐患。农户饲养柴鸡基本都是放养、没人管，而现在农村种地使用农药越来越普遍，有些农户为了防止黄鼠狼、老鼠偷吃还会在地里撒一些老鼠药。另外，台湾成功大学一份研究发现，"柴鸡蛋"含有的污染物二噁英要比普通鸡蛋高出 5.7倍[14]，这与此前欧洲的研究一致[15]。研究者认为，可能是因为放养鸡在野外走的时候啄食了地里的东西，而这些东西存在二噁英污染。

因此，散养的柴鸡因为自由跑动，食物较杂，更容易感染病毒，或者吃到各种被农药污染的食物，反而更不安全。

误区 5：牛羊肉更好

开复老师认为牛羊都是食草的，所以更安全、更好。不过，我们可不能忘了疯牛病啊。1986 年后蔓延不绝的疯牛病，其主要原因就是饲料供应商把动物的内脏、骨、头等废弃部位粉碎之后，又配到动物饲料当中去，最终导致了疯牛病的传播。目前欧洲、美国、日本都出现过疯牛病，因此，中国禁止从这些疫区进口牛羊肉等畜产品。疯牛病事件提醒我们，现在很多牛羊不一定都是吃草长大的。退一步说，就算是吃草或者某些植物性原料的牛羊，也可能受重金属、黄曲霉等污染，得到的牛羊肉也可能会有有害物的残留。如果仅凭牛羊吃草长大就认为一定安全，那有点儿过于盲目。

根据中国食物成分表，鸡鸭牛羊猪肉的营养价值整体差异不大，只是脂肪和蛋白质含量略有不同，平时都是可以吃的。不过，任何肉类都不宜食用过量，中国营养学会推荐每日食用畜产品肉类 50～75 克，鱼虾类水产品 50～100 克。

误区 6：煮水得用美国锅

2012 年伊始，发生的水污染事件占据了各大新闻媒体的头版——从 1 月 15 日广西龙江河镉污染，到 2 月 3 日江苏镇江苯酚污染。不少研究调查也显示，居民日常生活的饮用纯净水、矿泉水的卫生状况也不容乐观，细菌总数和大肠菌群数超标现象越来越多[16][17]，公众对饮用水安全越来越重视。

开复老师推荐说，水过滤后再用锅煮沸。这确是很好的避免水污染危害的方法，只是，这个美国锅就完全没有必要了。不用中国锅，可能是受到苏泊尔锅的锰超标事件的影响，但事实上，此事风险并不大。锰是人体必需的微量元素，缺乏和过多对人体都是不利的。中国居民锰摄入量大致为每天 6.8 毫克，在合理范围内。苏泊尔方面提供的检测数据显示，所用的钢材中，锰的析出量为每千克 0.05 毫克[18]。实际上，因为锰的营养与毒性特征，国际上一般不对餐具中的锰析出量设定标准。餐具对于煮水并没有多大影响，想安全饮水，建议家里可以装一个净水器，然后普通锅煮沸喝就行。

误区 7：鱼要吃欧洲的

鱼肉蛋白质丰富，而且含有较丰富的多不饱和脂肪酸，尤其是 EPA 和 DHA，也有研究表明 DHA 和 EPA 对于软化心脑血管、促进大脑发育和预防老年性痴呆症等有一定的作用[19]，因此世界各国都推荐每天要适量吃点水产品。中国营养学会推荐成年人平均每天吃鱼虾类约 50～100 克[20]。

受到各种因素的影响，如今，很多国人开始向往欧洲的鱼了。欧洲的三文鱼和鳕鱼有较高的营养价值，但是国内的一些鱼也有其独特的营养价值（这个和热带水果与北方水果类似）。鱼类虽然种类繁多，但所含的营养成分大致是相同的，所不同的只不过是各种营养成分的多少。因此，对于消费水平一般的人，没必要花太大成本去购买欧洲的鱼。另外，欧洲的鱼也存在重金属、寄生虫污染等问题。

结论：总而言之，有机食品并不一定更安全、柴鸡和柴鸡蛋不会更营养更安全、国外的食品也不一定更好……其实，李开复老师这个方案除了并不完全正确外，关键还在于成本过高，只适合少数人。而且，即便有条件的人可以花钱买外国货，但这种做法会让我们更依赖外国货。因此这样的"食品安全方案"可行性不高。

饮食健康和安全的小建议：

绝对安全的食物是不存在的，日常生活中我们只能将食品安全风险控制到最小。如何做到饮食的营养和安全，建议从以下几点做起：

（1）保证食物多样性。营养均衡是机体正常的基本保障，摄取足够均衡的营养素，可以提高人体的免疫力，保证机体健康。因此，建议日常饮食保证食物多样性，多吃水果蔬菜及粗粮，肉奶适量，均衡饮食。不要迷信任何单一的食物会有神奇功效，也别信药品、膳食补充剂能代替食物。

（2）少吃生食，尽量吃熟食（包括喝水）。烹调加热是很好的杀菌消毒方式，既可分解一部分农药残留，还可杀灭一些致病菌。

（3）减少在外就餐的次数，尽量在家里做着吃，吃少油少盐食物。餐馆里的饭菜，大都多油多盐，对健康实在是有害无益。

参考资料：

［1］Alan D Dangour，Sakhi K Dodhia，Arabella Hayter，et al. Nutritional quality of organic foods：a systematic review. Am J Clin Nutr，2009.

［2］Nutrition and health assessment of organic food report summary. French Agency for Food Safety

［3］GB/T 19630. 1-19630. 4-2005 有机产品 Organic Products.

［4］陈昂. 五种植物源农药的环境毒性评价. 中南大学学位论文，2010.

［5］陈昂，张战泓，刘勇，等. 3 种植物源农药对鹌鹑和斑马鱼的急性毒性评价. 安徽农业科学，2010.

［6］De Vries，R P Kwakkel，A Kijlstra. Dioxins in organic eggs：a review. NJAS-Wageningen Journal of Life Sciences，2006.

［7］国家质检总局通报不合格进口乳品，共有 14 批次.

［8］德国宣告肠出血性大肠杆菌疫情结束，共致 50 人死亡.

［9］5.5 亿枚鸡蛋召回背后.

［10］李军祥，李元亭，黄永红. 亚热带水果与北方水果营养物质含量的比较研究. 中国园艺文摘，2010.

［11］孙昌梅，郭潇，孟玉彩. 不同品种蛋鸡散养对鸡蛋营养成分的影响. 今日畜牧兽医，2008.

［12］邬晓娟，曹秀月，张文敬，等. 粗放散养和规模养殖条件下鸡蛋营养成分的比较研究. 当代畜禽养殖业，2012.

［13］葛剑. 河北柴鸡放养条件下生长发育和产品品质的研究. 河北农业大学，2005.

［14］Jing-Fang Hsu，Chun Chen and Pao-Chi Liao. Elevated PCDD/F Levels and Distinctive PCDD/F Congener Profiles in Free Range Eggs. J. Agric. Food Chem.，2010.

［15］Kijlstra，W A Traag，L A P Hoogenboom. Effect of Flock Size on Dioxin Levels in Eggs from Chickens Kept Outside. Poult Sci，2007.

［16］高志祥，吴丽娥，马淑一. 包头市居民饮用中纯净水、矿泉水的卫生调查. 职业与健康，2006.

［17］曾志定，陈春祝. 2009～2010 年泉州市瓶（桶）装矿泉水纯净水卫生状况分析. 预防医学论坛，2011.

［18］云无心：餐具中的"锰超标"有多危险?

［19］Perea A，Gómez E，Mayorga Y，et al. Nutritional characterization of produced fish for human consumption in Bucaramanga，Colombia. Archivos Latinoamericanos de Nutrición，2008.

［20］中国营养协会. 中国居民平衡膳食宝塔（2007）.

糖尿病人不能吃水果吗？

阮光锋

流言："糖尿病人不能吃水果，因为水果含糖量高，而且极易消化，可以快速升高血糖。"

✎ 真相 ✎

糖尿病人需要特别注意饮食，这没有错，但是否就要完全放弃水果呢？毕竟水果含有丰富的维生素、矿物质和多种抗氧化物质，这些营养素对于保证糖尿病人营养均衡是有好处的。

关于这个问题，美国糖尿病协会（American Diabetes Association）给出了明确的答案——糖尿病人是可以吃水果的[1]。在他们提供的糖尿病人饮食建议里，第一条就是要多吃水果和蔬菜，而且最好是吃各种颜色的水果和蔬菜[2]，以丰富多样性。

能不能吃，关键看血糖

糖尿病人最直接的问题就是失去了调节血糖浓度，使之维持稳定的能力。除了合理用药，合理安排饮食也是控制餐后血糖和空腹血糖稳定的重要一环。糖尿病人该选择哪些食物呢？血糖指数是一个关键因素。

血糖指数（Glycemic Index，GI）是衡量食物引起人体餐后血糖反应的重要指标。这个指数的获得途径是，让健康人摄入含 50 克可吸收糖类的食物，然后记录餐后一定时间内血糖反应曲线下的面积，然后用同样方法测出葡萄糖形成的面积，最终算出前者占后者的百分比（注：有的标准是与白面包相比，此时血糖指数的数值会稍有差异）。血糖指数小于 55 的食物为低血糖指数食物，血糖指数在 55～70 之间的为中等血糖指数食物，血糖指数大于 70 的食物为高血糖指数食物[3]。简单来说，血糖指数越低的食物对血糖的波动影响越小。所以，一般建议糖尿病人吃低血糖指数食物。

查看中国食物成分表及美国糖尿病协会的食物血糖指数表，我们可以看到，大部分水果的血糖指数都不高，主要是因为水果中的糖是以果糖为主，而果糖升高血糖的效果要小于葡萄糖；同时水果含有大量的膳食纤维，而膳食纤维有降低血糖反应的作用[4]。

常见水果中，西瓜、火龙果的血糖指数较高，为高血糖指数水果；甜瓜和菠萝的血糖指数稍高，是中等血糖指数[5]。因此，对于西瓜、火龙果、甜瓜、菠萝这几种水果，糖尿病人要谨慎食用。

但这也不意味着糖尿病人就不能吃这些高血糖指数的水果，还要看血糖负荷。何谓血糖负荷呢？血糖负荷

（Glycemic Load，GL）最早是由哈佛大学公共卫生学院在 1997 年提出的概念，表示单位食物中可利用碳水化合物数量与血糖指数的乘积。换句话说，血糖负荷是将摄入碳水化合物的质量和数量结合起来以评价膳食总的血糖效应的指标，对于指导饮食更有实际意义。比如，西瓜和苏打饼干的血糖指数都是 72，但 100 克食物所含碳水化合物却大不相同，苏打饼干每 100 克所含碳水化合物约 76 克，其血糖负荷大约为 55，而 100 克西瓜所含碳水化合物约 7 克，其血糖负荷约为 5，两者的血糖负荷相差 10 倍之多。对于西瓜、火龙果、甜瓜、菠萝这些血糖指数略高的水果，考察它们的血糖负荷时，会发现还是远低于白米饭，是可以适量食用的。

糖尿病人吃水果注意事项

从水果对血糖影响的性质来看，糖尿病人是可以吃水果的，但还是有不少需要注意的地方。

首先，糖尿病人一定要注意控制总碳水化合物的摄入量。吃水果的同时一定要减少主食的摄入量，以保证每日摄入的总热量不变。据糖尿病饮食治疗的食物交换份法，1 份水果（约 200 克）大约等同于 25 克大米的总能量，也就是说，如果你吃了 150～200 克的水果，你就应该少吃约 25 克米饭[6]。这里的 25 克只是平均的情况，具体的还要根据水果的含糖量做相应的调整，因为不同水果的含糖量也会不同。有些水果含糖量高，相应的主食要减量更多。

其次，不能用罐头水果替代新鲜水果。现在的水果罐头大多会加入大量的糖，除了增加甜度和口感外，还有防腐的作用，因此，对于糖尿病人来说就不宜食用了。

另外，水果和果汁不一样。糖尿病人可以适量吃水果，却最好不要喝果汁。果汁通常会损失一些膳食纤维，血糖反应会高于完整的水果。吃完整的水果有利于日常饮食的控制，因为完整的水果通常体积大、饱腹感强，食用起来消耗时间也更长，可避免进食过量。可能你吃一个完整的苹果就够了，但是打成汁后，就非常容易喝二三个苹果的量。一项对糖尿病人日常饮食的干预研究发现，吃完整的水果比喝果汁更有利于糖尿病人饮食习惯的改善[7]，他们更会选择低血糖的食物。因此，最好吃新鲜完整的水果，不要用果汁替代。

如果有条件的话，糖尿病人可以监测自己食用水果后的血糖变化。在尝试食用某种水果时，监测食用前和食用后的血糖。若两次的血糖化验指标相差不大，则可以放心地食用此种水果；否则，应慎食此种水果。

结论：谣言粉碎。对于糖尿病人来说，没有必要完全戒掉水果，因为水果中含有大量的维生素、纤维素和矿物质，这些对糖尿病人是有益的。大部分水果的血糖指数并不高，血糖负荷普遍低，是可以食用的。美国糖尿病协会建议糖尿病人要多吃各种水果，但是最好吃新鲜水果，不宜喝果汁或者吃加糖的水果罐头。

参考资料：

［1］What Can I Eat：Fruit. American Diabetes Association.

［2］What can I eat：Making Healthy Food Choices. American Diabetes Association.

［3］The Glycemic Index of Foods. American Diabetes Association.

［4］曾悦. 稻谷类及豆类碳水化合物消化速度与血糖反应的初步研究. 中国农业大学硕士学位论文，2005.

［5］杨鹏欣，王光亚，潘光昌. 中国食物成分表. 北京大学医学出版社，2002.

［6］蔡燕萍. 糖尿病 238 例食用水果状况的调查. 中国临床保健杂志，2010.

［7］Carla K Miller，Melissa Davis Gutshcall，Diane C Mitchell. Change in Food Choices Following a Glycemic Load Intervention in Adults with Type 2 Diabetes. Journal of the American Dietetic Association，2009.

柠檬是治疗癌症的良药吗？

绵羊 c

流言：美国马里兰州巴尔的摩市的健康科学研究所宣布：柠檬可以杀死癌细胞，而不会影响健康细胞，不会产生化疗那种可怕的副作用。据一家制药公司说，1970 年以来，经过 20 多个实验室测试，发现柠檬提取物可以破坏 12 种恶性细胞肿瘤，包括结肠癌、乳腺癌、前列腺癌、肺癌、胰腺癌……它被证明可以用于治疗所有种类的癌症，比化疗药物阿霉素强 10000 倍！为什么我们不知道这回事？因为在实验室制造的人工合成药物为大公司带来丰厚的利润，所以他们对柠檬的功效讳莫如深。

❀ 真相 ❀

其实大家不难看出，这条流言前后矛盾、措词夸张，稍加判断就会觉得十分可疑。事实上，由于这条流言以邮件的形式在国外广为传播，流言中提到的机构巴尔的摩市健康科学研究所还特意为此发布了澄清声明，声明中说：

"制造这个传言的人确实使用了我们发表过的研究成果，但事实上这些研究与柠檬无关，是他们插入了关于柠檬的信息……它向癌症患者们传达了错误或未经检验的医学建议。健康科学研究所并没有发布过柑橘属水果是否具有抗癌特性的信息。"

这则声明清楚地说明该流言是歪曲科研结果后得来的，不足为信。不过你也许会好奇，柠檬是怎么跟癌症牵扯到一起的呢？柠檬的成分真的可以抗癌吗？

营养丰富的芬芳果实

柠檬气味芬芳，是许多饮品、甜点和菜肴的最佳配料，但果肉却酸得难以入口，不宜鲜食，这主要是因为柠檬的果汁中含有大量果酸，其中最主要的柠檬酸比例高达5％以上。柠檬的皮则分为两层：最外层含有精油，主要由90％的柠烯、5％的柠檬醛，以及少量其他醛类和酯类构成。内层不含精油，但储存有多种苦黄酮苷和香豆素衍生物[1]。

柠檬营养丰富，是维生素C的优质来源，同时也是维生素 B_6、钾、叶酸、黄酮类化合物和重要的植物生化素柠烯的来源[1]。从20世纪90年代开始就有科学家发现，柠檬及其他几种柑橘属水果中富含的柠檬苦素、黄酮类化合物、类胡萝卜素、叶酸等成分，在癌症研究中展现出了不错的抗癌潜力，于是对这个方向的探索就此展开。

关于柠檬的抗癌研究

在探索某种成分是否具有抗癌功效时，最先进行的基本研究之一就是细胞层面的实验，即让这些潜力成分与癌细胞正面交锋。这类实验的结果显示，柠檬苦素在抑制癌细胞生长方面效果不错，有研究显示，这一成分能抑制多种癌症细胞系生长，其中包括白血病细胞、宫颈癌细胞、乳腺癌细胞和肝癌细胞等[2]。柠檬中的几种黄酮类成分也有类似功效，且无论是天然提取出的黄酮类还是人工合成的，都具有抑制效果[3]。科学家们发现，在柑橘类水果所含的众多黄酮类成分中，一种称为柚皮素的成分具有促进 DNA 损伤修复的功能，而 DNA 损伤正是最常导致细胞癌变的原因之一。所以柚皮素可能是通过这个机理保护细胞，预防癌变的[4]。

　　光有细胞层面的研究还不够，实际上还需要进行一些动物实验，以确定这些成分在动物体内是否有类似的功能。在一项研究中，科学家们以大鼠为实验对象，通过一种药物诱发它们患上乳腺癌，再在它们的食物中添加柑橘属植物中所含的黄酮类物质（橙皮素与柚皮素）或对应的果汁（橙子汁与柚子汁），结果发现喂了这些黄酮类物质和果汁的大鼠比起对照组大鼠，癌症发展速度更慢[5]。

　　还有一些研究者们通过大规模的统计来研究柠檬等柑橘属水果的抗癌作用。比如 2010 年，一群欧洲科学家调查了各类癌症患者共计 1 万多人，统计他们对于柑橘属水果的食用频率和数量，并与非癌症患者做比较，结果发现，消化系统癌症和上呼吸道癌症患者食用柑橘属水果的量明显少于非癌症患者[6]。一些日本科学家则采用了追踪病例的方式，在 1995～2003 年间追踪了 4 万多名日本成年人食用柑橘属水果的情况与患癌症的比例，结果发现人群中吃柑橘属水果越多的人患癌症的比例越小[7]。这些研究似乎也从一个角度说明，这些芬芳四溢的水果可能有预防癌症的效果。

不过并非所有研究结果都指向一个方向。柠檬中富含的叶酸是一种对 DNA 合成十分重要的营养成分，一直以来研究者们都将它视作保护细胞、预防癌症的优良物质。但近年也有一些研究表明，叶酸在抗癌作用上可能更像一把双刃剑——条件适宜时它可以降低结肠直肠癌的发展，但过度摄入等情况下它也可能成为促进癌症发生的凶手[8]。

科学解读研究结果

一个小小的柠檬，牵出了许多角度各异、层面各异的科学研究，其中确有不少研究都表明柠檬中的一些成分可能有抗癌的作用。那么这些研究结果能成为支持上文所写流言的证据吗？

想要知道这个问题的答案，我们需要学会正确地解读科学研究结果。

首先，一些细胞和动物层面的研究确实表明柠檬提取物有抑制癌细胞生长，甚至杀死癌细胞的功能。但如果想要证明某种成分被人摄入后能够抗癌治癌，单靠如此简单的细胞和动物模型研究是不够的，还需要严格的多期临床试验。目前的研究结果远不足以证明柠檬可以治疗癌症，遑论柠檬的疗效"比化疗药物强 10000 倍"这样毫无根据的推论。

再者，尽管有一些大规模统计研究认为多吃柑橘属水果与患癌症概率较低有相关性，但相关性并不代表因果性。比如，常吃柑橘属水果的人很可能有更健康的生活习惯，如经常运动、注重饮食健康等，因此他们得癌症的概率更低。所以这样的研究结果不能说明多吃柑橘属水果是他们更不容易得癌症的原因。大可不必因为看到这样的研究，从此就只吃柑橘属水果。应该各种水果蔬菜都吃，保持丰富的食谱，这样才会更有益于健康。

事实上，尽管柠檬苦素、黄酮类化合物等柑橘属提取成分在早期的细胞实验中表现良好，但近年来这些研究的进展较为缓慢。想要看到进一步的结论，还有待更多科学家的努力[9][10]。寻找有效的抗癌药物是一个艰苦漫长的过程，有潜力的成分或许不少，但大浪淘沙之后可以成为有效药的则少之又少。而这个过程需要无数研究者的努力，需要极为严谨的筛选，绝不是仅凭几个简单的研究就可以下定论的。对于普通大众，生病了应当去医院、遵医嘱，而不能盲信偏方，哪怕这种偏方披上了现代科学的外衣。

结论：确实有科学研究表明，柠檬等柑橘属果实中的一些成分具有研制出抗癌药物的潜力。但是相关研究还不成熟，离临床应用还有一段距离。可以确定的是，宣称柠檬"被证明可以用于治疗所有种类的癌症"这种说法，是错误的。同时也绝不提倡用柠檬替代正规的肿瘤治疗方法，治病还是应该遵照医嘱。健康信息应该具备真实性、准确性，并有可靠的医学研究来源。虚假的健康信息对于自己和他人的健康毫无益处。

感谢@Milky怪蜀黍、@软星星对本文的帮助。

参考资料：

[1]Murray M，et al. The Encyclopedia of Healing Foods. 2005，New York：Atria Books.

[2]Tian Q，et al. Differential inhibition of human cancer cell proliferation by citrus limonoids. Nutr Cancer，2001.

[3]Manthey J A，N Guthrie. Antiproliferative activities of citrus flavonoids against six human cancer cell lines. J Agric Food Chem，2002.

[4]Gao K，et al. The citrus flavonoid naringenin stimulates DNA repair in prostate cancer cells. J Nutr Biochem，2006.

[5]So F V，et al. Inhibition of human breast cancer cell proliferation and delay of mammary tumorigenesis by flavonoids and citrus juices. Nutr Cancer，1996.

[6]Foschi R，et al. Citrus fruit and cancer risk in a network of case-control studies. Cancer Causes Control，2010.

[7]Li W Q，et al. Citrus consumption and cancer incidence：the Ohsaki cohort study. Int J Cancer，2010.

[8]Mason J B. Folate，cancer risk，and the Greek god，Proteus：

a tale of two chameleons. Nutr Rev，2009.

［9］Sohail Ejaz A E.，Kiku Matsuda，Chae Woong Lim. Limonoids as cancer chemopreventive agents. Journal of the Science of Food and Agriculture，2006.

［10］Marchand L L. Cancer preventive effects of flavonoids—a review. Biomedicine & Pharmacotherapy，2002.

量子共振信息水，到底有多不靠谱？

Sheldon

流言："宇宙中存在一种量子的'灵力场'。人体各器官都有其固有的共振频率，体内的'灵力场'紊乱之后，共振频率就会偏离正常，继而生病。如果把正常人体共振信息全部取出、放大、永久记忆在水上，做成量子共振信息水，放在患处附近，就可以'隔空治病'，把紊乱的人体频率恢复正常，从而恢复健康。"[1][2][3]

❧ 真相 ❧

一瓶 200 毫升的"量子共振信息水"在电子商务网站上卖 600 元，是相同容量主流品牌化妆水价格的 10 倍。东西卖得这么贵，到底有什么神奇的效果呢？

"量子共振信息水"的发明者叫堀尾忠正[2]。他自称"从小喜欢物理学，1996 年在暨南大学医学院获得医学硕士学位，大学毕业不久就成了当地名医。其后系统学习了量子学、心理学……分析了霍金的《时间简史》（注意，这是一本科普读物），指出其理论中的缺陷及其缺失的部分。同时补充上第五种力和第五种场，即灵力、灵力场，可以更利于揭开宇宙真相[2]……"

不过，在谷歌学术搜索引擎中，谣言粉碎机调查员找不到任何与"灵力场""量子共振信息水"有关的文献。

汉字的排列组合不是科学研究

共振和量子信息分别是物理学中的两个专有名词。"量子共振信息水"只不过是把这二者"嫁接"了起来。尽管找不到什么公开文献的佐证，堀尾忠正本人却多次透露"想做第一个获得诺贝尔奖的中国人"。事实上，从网上能找到的资料来看，他很可能只有观点，没有论据。

在现实生活中，要想证明存在一家新的养鸡场，首先要给出养鸡场的详细地址。有了这个地址，我们才可以深入养鸡场的内部，看看它占地面积多大，养了什么样的鸡，卫生是否达标。在物理学中，要想证明存在一种新的量子场，也要先给出量子场在物理学理论中的详细地址，叫做"拉格朗日量"。例如，电磁场、引力场都有各自的拉格朗日量。如果有人兜售养鸡场的股份，又没有主动公开养鸡场的地址，那八成是个骗子。同理，网络上那些所谓的"灵力场""信息场""全息场""生物场"，如果没有相应的拉格朗日量的话，就等于没有地址的养鸡场，万万不可轻信。

如果无法提供"灵力场"存在的依据，就无法确认它的存在。人体器官共振频率的情况也是类似的。我们知道，频率是一个物理量，可以写成一个有量纲的数。例如，一般微波炉产生的微波频率是 2450 兆赫兹[4]，表示 1 秒钟之内，电磁场能够在其中振荡 24.5 亿次。那么，健康人体的共振频率是多少赫兹呢？生病后又是多少赫兹呢？不同的疾病对应的频率是否相等呢？量子共振信息水中总共"记载"了多少个不同的频率数值呢？10 毫升的水和 200 毫升的水分别能"记载"多少比特的信息呢？谣言粉碎机调查员没能找到堀尾忠正的回答。

从这个意义上说，"量子共振信息水"的概念只不过是几个汉字的排列组合，并不等于科学的研究成果。这些没有证据又要打破常识的观点，其实连"错"都算不上。

未经证实的治疗效果

不过有人会觉得，从错误的理论出发，不一定碰不到正确的结果，那么，"量子共振信息水"有这样的好运吗？所谓将水"隔空"放在患处附近，就能治愈任何疾病的说法有什么科学依据吗？

堀尾忠正在网站上公布了很多无名无姓、无从考证的"个案"，其中包括"深圳有一位女士""多位癌症等严重疾病的患者""一位从英国专程来找我治疗的""中国某开国元帅、国务院副总理的孙子"[2]等等。

也许他是为了保护个人隐私，才不透露"个案"的具体信息。那么，"量子共振信息水"是否有其他间接的证据来证明其效果呢？当被问到是否进行过动物实验时，堀尾忠正流露出强烈不满："这同'郑人买履',不相信自己穿鞋时脚的感受,而只相信尺码一模一样……我直接选择了正常人体的共振信息记忆在水上,而不是选择动物的共振信息……结果是,在人身上人人有效,而在动物身上大多会不灵了。"[2]

堀尾忠正不但制售"量子共振信息水",还主动提出为一名白血病患者治疗。2011年2月21日,大丰之声网报道说:堀尾忠正称自己看到某媒体的报道后,"千方百计地想"找到患者葛某,"希望她用灵力医学排列和量子共振信息水治疗白血病"。他声称"曾经治疗过不少白血病人,均是两星期就返校上学",并断言葛某"3月2日就可回校上学"。记者表示,(葛某)"使用了信息水后,效果看上去也是非常明显,随着我们的跟踪报道,我想大家也会一同见证"。

2011年3月3日,患者葛某去世。[5]

"量子医学"不过是海市蜃楼

量子物理学是人类在20世纪最伟大的科学发现之一,它将我们对客观世界的认识深入到了比原子还微小的尺度,极大地改变了我们的生活方式。在中文文献检索系统中,也能查到数个"量子医学"的文献。那么,世界上真的有量子医学吗?

泛泛而论,一切已知的物质都是由基本粒子组成的。一切基本粒子都服从量子物理学的运动规律。因此,一切运动,包括生命现象,本质上讲都是一种量子的物理运动。然而，这并不意味着必须用量子理论来解释一切现象。一方面，因为我们不可能知道每一个基本粒子在任何时刻的准确量子状态；另一方面，许多复杂现象都是宏观的集体的行为，不了解微观机制，并不一定会影响我们对问题的认识，这是物理学本身固有的性质。例如，量子物理学认为，电子没有固定的运动轨道，而是呈一种电子云的分布。但是，当我们做电学实验时，只要知道导体中电子的集体运动可以看作电荷的流动就可以了。这种解释是量子物理的一种近似的等效表述，并不与之矛盾。

所以，研究人体疾病的发展规律，最重要的理论基础是生理学、化学或者经典物理学，而不是量子物理学。在人体疾病的层次上，它们的可操作性要比直接解量子物理方程高得多。检测和治疗疾病的手段也是多种多样，其中一些运用了量子物理学的研究成果，例如核磁共振、PET 扫描、放射性治疗等，但这并不等于是量子医学。因为在所有检测结果、治疗效果中，对疾病的描述和对疗效的评估都不是建立在量子理论基础上的。

在现有的"量子医学"文献中，有关量子物理的表述存在诸多错误，体现出文章作者缺乏基本的常识。例如，有文献说："电子、质子、中子等都是基本粒子。"[6] "物理学上量子是电磁辐射最小的能量描述，因此量子医学上使用的电磁场辐射的能量最低、最安全。"[7] 实际上，中子和质子都是由夸克组成的，并不是基本粒子。量子不单单用于描述电磁辐射，而是涵盖了所有物质的微观形态，甚至包括真空。如果光子的密度很大，即使单个光子的能量很低，总的能量密度也会很高，不见得最安全，因此这个因果关系也不成立。

结论：谣言破解。"量子共振信息水"纯属无稽之谈。没有任何证据表明，"量子共振信息水"对某种疾病有治疗效果。从目前看来，所谓的"量子医学"，不过是个别缺乏科学常识的人的美好幻想。

参考资料：

[1]百度百科：堀尾忠正.

[2]深圳市研究科技有限公司网："量子共振信息水"一栏.

[3]大丰之声专访传奇人物堀尾忠正.

[4]维基百科：Microwave oven.

[5]"感恩女孩"葛文倩带着满足离开人世.

[6]王篌兰.量子医学在临床诊断及研究中的进展.中国医师杂志，2004.

[7]史新中.量子医学的发展及临床应用.东南国防医药，2006.

用颜色判断鸡蛋营养不靠谱！

暗号

流言：养殖业内有个"公开的秘密"：把蛋黄精拌在鸡饲料里，能让母鸡产出的蛋蛋黄多，看起来像柴鸡蛋。

❧ 真相 ❧

鸡蛋的"颜色问题"又一次进入人们视线。蛋黄颜色深是判断柴鸡蛋的方法吗？蛋壳颜色到底是红色好还是白色好？让我们分别来看一下。

鸡蛋在母鸡体内形成的时候，脂溶性色素随着脂肪等物质沉积在卵母细胞周围，提供蛋黄的颜色。叶黄素是其中的代表，它是一种类胡萝卜素。动物自身并不能生产类胡萝卜素，只能通过食物链获得，蛋黄的颜色就来自于鸡的食物。

对于纯放养的鸡，它能摄取多少叶黄素完全取决于放养环境，比如夏季能采食到青草、昆虫等，蛋黄颜色就会较深，冬天大雪覆盖时如果吃食中叶黄素不多，蛋黄颜色就会偏淡；而笼养、规模化饲养的商品蛋鸡摄取的叶黄素取决于饲料。由于黄色较深的鸡蛋更符合人们的需求，因此饲养者通常会视情况额外在饲料中添加叶黄素，使鸡蛋黄"品相"

更好一些。现代商品蛋生产体系中，会借助罗氏比色卡将蛋黄颜色分为 15 级，适合作为商品出售的应该达到 8 级以上。因此，只凭借蛋黄颜色很难区分是不是柴鸡蛋。另外需要注意的是，类似"柴鸡蛋""土鸡蛋"这些概念都是没有国家标准的，也无法检测判别。

什么物质能改变蛋黄的颜色？

流言提到的"蛋黄精"，此前并未见过报道。如果它是饲料级叶黄素的话，就不是非法添加剂，而是一种"饲用着色剂"，可见于中国颁布的《饲料添加剂品种目录》。它也经常用于食品着色。

合格的饲料级叶黄素应是从万寿菊中提取出来的。如果是化工合成，则不合规范，因为就目前的技术手段还很难完全消除其他产物和溶剂残余，不适合用作饲料。而前几年曝出的"苏丹红"等工业级色素则是对人的健康有害的非法添加物。非法的饲料添加剂需要严厉打击。

当然，除了提纯的饲用着色剂，许多天然饲料原料也可以用来补充叶黄素。饲料中最主要的成分——玉米粉就富含叶黄素，但叶黄素不仅存在于黄色原料里，草粉（如苜蓿粉）、藻粉等都是改善蛋黄颜色、提供蛋白质的良好原料。

中国农技人员在巴西曾发现过整舍鸡的眼睛发红，打听得知是为了改善蛋的品相喂食了辣椒粉，这也是合格的天然着色剂，兼有营养功效，当然眼睛发红是因为辣椒粉喂得太多了。

蛋黄颜色深的鸡蛋营养更好吗？

很难从蛋黄颜色判断鸡蛋的营养价值是不是更高，它们只能体现出色素的差异。叶黄素本身的营养价值微乎其微，虽然同属于类胡萝卜素家族，但它不能像兄弟胡萝卜素那样转化为维生素 A。实际上，这也是用它作为饲用着色剂的一个原因，因为不会引起维生素失调。有资料显示叶黄素作为一种抗氧化剂，有利于防止视网膜黄斑退化，但目前对于它的实际功效究竟如何，还没有确切结论[1]。同时，叶黄素广泛存在于蔬菜水果中。

退一步说，即使某个深色蛋黄的确是因为放养而形成，它与笼养鸡下的蛋的营养价值也不会有值得注意的差别，更不会有特殊的保健作用。相反，由于商品蛋鸡的饲料、饲养管理都是经过严格规划过的，它所产出的鸡蛋质量会更稳定。

至于吃了蛋黄精"使鸡每天都生蛋"，则根本是无稽之谈。现代饲养体系下，母鸡在产蛋高峰时自然就可以达到平均每天产蛋 0.9 个以上，这依赖于良好的品种和精心的饲养管理，色素对此是毫无帮助的。

理论上，摄入过多叶黄素会对肝脏造成负担，但日常食用鸡蛋是不会达到这么高的剂量的，它们只是沉积而已。中国传统的"三黄鸡"就是脚胫、骨骼、体脂等部位沉积的色素较多。

蛋壳的颜色越深越好吗？

老辈人喜欢买"红皮鸡蛋"，认为比白壳鸡蛋营养好。但现在又有说法称土鸡蛋都是白壳蛋，是这么回事吗？

蛋壳的颜色来自于鸡蛋在母鸡生殖道内的最后一个加工过程——子宫上皮分泌的色素均匀涂抹在白底的蛋壳上，如卵卟啉提供褐色，胆绿素提供绿色。具体分泌什么色素首先取决于母鸡的基因型，它受常染色体上两个基因位点控制；其次与母鸡的饮食、健康等后天因素有关，个体差异也不小。可以确定的是，单凭壳色不能确定是否由土鸡所生。

鸡蛋的壳色以白色和褐色两系为主，兼以粉、绿两系，这四种颜色基本可以涵盖所有壳色。在商品蛋鸡中，白壳蛋鸡主要以白来航鸡为祖代培育而来，褐壳蛋鸡主要以罗岛红培育而来。粉壳蛋鸡则是由白壳蛋鸡与褐壳蛋鸡杂交而成的品系。而绿壳是一种变异型，成型的绿壳蛋鸡品种都是经过纯化的，以保证能较多地产出绿壳蛋。蛋壳颜色是检验品种纯度、产品均一性等的重要指标，在生产中，一般用色差仪来测定。

由于蛋黄、蛋白形成于蛋壳之前，因此蛋壳颜色无法直接影响鸡蛋的营养成分。但它们可以同时受到母鸡基因型和个体素质的影响，因此对于不同色系的蛋，其蛋重、组分可能会有所差异；对同一色系的蛋来说，也可能有一些鸡蛋会出现蛋壳颜色较浅，蛋白也较少的现象。[2]

结论：无论是鸡蛋黄还是鸡蛋壳的颜色，都与鸡蛋的营养关系不大。对于鸡蛋黄和蛋壳的颜色偏好，更多是市场对食品外观的追求。鸡蛋是一个优质的蛋白质来源，可以在均衡的饮食中每天摄入一个鸡蛋。

参考资料：

[1]Richer S，et al. Double-masked，placebo-controlled，randomized trial of lutein and antioxidant supplementation in the intervention of atrophic age-related macular degeneration：the Veterans LAST study（Lutein Antioxidant Supplementation Trial）. Optometry，2004.

[2]杨海明，王志跃，卢建，等. 蛋壳颜色与蛋品质及蛋壳超微结构的关系. 中国家禽，2008.

以形补形？太牵强了！

阮光锋

流言：吃与人体健康有着直接的联系，这使得关于吃和健康的说法就有很多。其中，"吃啥补啥"就非常流行，比如在网上流传甚广的"十大形似人体器官的果蔬"。

❦ 真相 ❦

在"吃啥补啥"的理论中，更加广为流传的是"以形补形"。因为它更加直观，容易记得。

"以形补形"，即食用外观上与人体某器官相似的食物，对人体该部位有利。这种思维并不是中国独有，在其他国家也有流行，如松茸在日本有"蘑菇之王"之称，日本人认为食之可以使男士强精补肾；在南美洲和印度，很多人因为辣椒的形状和颜色，而认为它具有壮阳的作用。

其实仔细琢磨就会发现，"十大形似人体器官的果蔬吃啥补啥"的流言中，虽然一部分结论有些道理，但是给的理由大多有错误，而另一些连结论也不靠谱。

流言 1：胡萝卜——眼睛

切开的胡萝卜就像人的眼睛，有瞳孔、虹膜，以及放射的线条。科学研究表明，大量胡萝卜素能促进人体血液流向眼部，保护视力，让眼睛更明亮。

真相：

吃胡萝卜的确对眼睛有益，因为胡萝卜中富含 β-胡萝卜素，关于其作用详见本书中《胡萝卜吃多了会维生素 A 中毒吗?》一文。富含 β-胡萝卜素的食物也不是只有胡萝卜，南瓜、红薯和深绿色叶菜（空心菜、菠菜、西兰花等）都是不错的 β-胡萝卜素来源，而它们并没有长得像眼睛。

流言 2：核桃——大脑

核桃就像一个微型的脑子，有左半脑、右半脑、上部大脑和下部大脑，甚至其褶皱或折叠都像大脑皮层。目前人类已经知道，核桃含有 36 种以上的神经传递素，可以帮助开发脑功能。

真相：

核桃是一种坚果，其 Ω-3 脂肪酸含量丰富，100 克核桃中 Ω-3 脂肪酸的含量可高达 9 克[1]，对大脑健康很有好处，也有动物研究发现，吃核桃能改善老鼠的记忆力和学习能力[2]。但单独把核桃作为补脑的食物并不科学，富含 Ω-3 脂肪酸是很多坚果的特征，巴旦木、杏仁、榛子、腰果都有。

另外神经递质在很多动植物体内都存在，但是要保存神经递质需要特定的温度和湿度，即使在食物中得以保存也并不意味着可以通过口服吸收，所以说"核桃含神经传递素，可以帮助开发脑功能"实在无厘头。

流言 3：番茄——心脏

番茄有 4 个腔室，并且是红色的，这与我们的心脏一样。实验证实，番茄含番茄红素，高胆固醇患者要想降低心脏病和中风的风险，不妨多吃点。

真相：

首先，"番茄有 4 个腔室"的说法完全是不对的（番茄子房 2～3 室）。不过的确有些流行病学调查发现，多吃番茄有利于降低心脏病和中风的风险。但高胆固醇血症并不只是因为饮食引起的，更多和代谢有关，如果医生建议用药控制，还是不要只依靠饮食来控制胆固醇。

流言 4：姜——胃

姜的辣素刺激胆汁生产，从而加速脂肪的消化。此外，姜中所含的酶能让蛋白质变碎小，使油腻食物易于消化掉。

真相：

有研究发现，姜的确可以促进胃的排空，帮助消化[3]。动物实验也发现，姜能促进胆汁酸分泌，帮助老鼠消化脂肪[4]。但姜通常只是当调料使用，做菜时用一点还是不错的，大量食用姜可能会增加凝血难度，对一些跟凝血有关的药物会有干扰，所以也不建议吃太多。

流言 5：甘薯——胰腺

甘薯看起来像胰腺，事实上，它确实能平衡糖尿病患者的血糖指数。

真相：

首先需要强调的是，糖尿病患者需要坚持服药，合理的膳食可以帮助更好地控制血糖但无法代替药物的作用。甘薯膳食纤维丰富，对平衡糖尿病患者的血糖有一定作用[5]，在动物实验中，也的确发现甘薯对于降低老鼠的血糖有一定帮助[6]。不过，甘薯能量较高，如果吃，要减少其他主食的摄入；烹调方法也会对甘薯的血糖指数产生影响，如煮甘薯的血糖指数高达 76.7[7]，属于高血糖指数食物，糖尿病人也不要多吃。

流言 6：蛤蜊——睾丸

蛤蜊等鱼蟹类所含丰富的核酸，是制造遗传因子与精子时不可缺少的物质。

真相：

关于核酸的说法不靠谱。核酸是由许多核苷酸聚合成的生物大分子化合物，为生命的最基本物质之一，可分为核糖核酸（RNA）和脱氧核糖核酸（DNA）。事实上，核酸存在于所有动植物细胞、微生物、生物体内。不过，蛤蜊和大多数水产一样，都是富含锌的食物，锌对于性腺健康有重要作用，缺锌会引起儿童生长发育迟滞，造成身材矮小、男性发育障碍。如果不爱吃水产，其他动物食品和坚果也都是锌的良好来源。

流言 7：芹菜——骨骼

芹菜等很多根茎类蔬菜看起来就像人的骨头，而它们确实能强化骨质。人骨头中含有 23％的钠，而这些食物也含有 23％的钠。

真相：

100 克芹菜杆中钙含量有 80 毫克[7]，含钙量在蔬菜中还是比较高的。不过，植物食物中钙的吸收率低，对骨骼作用并不大。而关于钠就完全说错了。人体骨骼是由无机材料和有机材料组成的复合材料，其中有机成分主要为胶原，占骨骼总重量的 30％，骨骼的无机部分占人体骨骼总重量的 70％，钠的含量只有 1％左右[8]。可见，骨骼中的钠含量并没有高达 23％，相反，过高的钠摄入反而不利于骨骼健康。有研究发现，钠摄入量增加会加重体内钙的流失，反而不利于骨骼健康[9]。芹菜本身钠含量就较高，会增加膳食中钠的摄入，因此炒芹菜时要少放盐。

流言 8：红酒——血液

红酒可以促进血液循环。

真相：

真正能改善血液循环的方法只有运动，酒精只能暂时让体表血管扩张，让人产生暖意。而且红酒始终还是酒，不宜多喝，过量饮酒造成的危害可能更大。

流言 9：鳄梨——子宫

鳄梨长得很像子宫，能够保护女性的子宫和子宫颈健康。研究表明，女性每星期吃一个鳄梨，就能平衡雌激素，减掉分娩产生的多余体重，防止宫颈癌。奇妙的是，鳄梨从开花到成熟的生长期，也恰恰是 9 个月。

真相：

这条纯属胡拼乱凑。首先并没有任何研究发现鳄梨能帮助预防子宫癌或宫颈癌。另外鳄梨从开花到结果也并非是 9 个月。墨西哥产的鳄梨开花到结果用时 6～8 个月，危地马拉的鳄梨开花到结果用时 12～18 个月。没有任何一种单一的食物可以被称为抗癌食物。

流言 10：葡萄柚——乳房

柑橘类水果长得像乳腺，橘子的抗氧化剂含量是所有水果中最高的，含 170 多种不同的植物化学成分。食用时橘络不要扔掉，可缓解乳腺增生症状。

真相：

蔬菜水果中都含有很多抗氧化剂，很多水果都常被冠以"抗氧化剂最高"的头衔。但一般人其实完全不必去纠结哪种水果的抗氧化剂含量最高，因为虽然理论上和动物实验中抗氧化剂对人体有益，但是目前没有证据能够证明服用抗氧化剂对人体有益。至于如何缓解和预防乳腺增生？缓解压力，吃高纤维低脂肪的食物，多运动，如果可能，30岁之前完成生育才是更靠谱的预防方法。

结论：谣言破解。"以形补形"纯属简单的类比和推论，都非常牵强附会。食物多样化和均衡的饮食结构才是健康生活的基础。食物毕竟是食物，不能替代药物，不要迷信任何一种食物对于疾病的作用。

参考资料：

[1] Willis L M，Shukitt-Hale B，Chang V，et al. Dose dependent effects of walnuts on motor and cognitive function in aged rats. Br J Nutr，2009.

[2] Haider S，Batool Z，Tabassum S，et al. Effects of walnuts (Juglans regia) on learning and memory functions. Plant Foods Hum Nutr，2011.

[3] Hu M L，Rayner C K，Wu K L，et al. Effect of ginger on gas-

tric motility and symptoms of functional dyspepsia. World J Gastroenterol，2011.

[4]Prakash U N，Srinivasan K. Fat digestion and absorption in spice-pretreated rats. J Sci Food Agric，2011.

[5]Shahidul Islam. Sweetpotato（Ipomoea batatas L.）Leaf：Its Potential Effect on Human Health and Nutrition. Journal of Food Science，2006.

[6]The Effect of Ipomoea batatas（Caiapo）on Glucose Metabolism and Serum Cholesterol in Patients With Type 2 Diabetes. Diabetes Care，2002.

[7]杨月欣，王光亚，潘兴昌. 中国食物成分表. 北京大学医学出版社，2002.

[8]宋云京，李木森，吕宇鹏. AFM 和 EPMA 研究人体骨骼的微观结构和成分. 第二届中国热处理活动周论文集，2004.

[9]阮光锋. 盐，身犯 5 宗罪.

婴幼儿喂养误区：你的宝贝需要补钙吗？

夏天的陈小舒

流言：国内外的调查显示，亚洲/亚裔儿童的钙摄入相对西方的儿童要少，很多亚洲儿童的钙摄入也没有达到该年龄段推荐的钙摄入值[1][2][3][4][5]。于是，现在的家长们都非常关注孩子的钙营养问题，多数家长认为钙营养是儿童长个子的关键，于是很多儿童从出生2～3个月就开始额外补钙了[6][7]。

真相

确实，钙对骨骼正常生长发育、保持骨骼健康，以及对维持正常的血管神经和心脏功能都必不可少。在婴儿期以及儿童时期获得充足的钙质，不仅有利于儿童目前的健康，还可能会推迟或预防老年时期的骨质疏松[10][11][12][13]。

但是，钙营养跟身高并没有直接关系。目前关于钙补充剂和骨骼健康，尤其是儿童的骨骼健康的研究，证据非常有限，还不足以支持给儿童普遍补钙[13][14]。更重要的是，或许你的宝宝根本就不缺钙。

钙营养和身高没有直接关系

孩子的身高的确跟营养状况有很大的关系，可这里指的"营养"是均衡的营养搭配，没有任何一种营养素比另外一种更加重要[15]。应该说，营养和基因共同决定着孩子的身高。

在营养相当的情况下，同一年龄段儿童的身高会在正常范围内波动，如果身高低于该年龄段的正常水平，几乎可以肯定地说，这个宝宝的营养状况不是特别好[16]。

但单独看钙营养，却对身高没有影响。无论是在宝宝出生前给妈妈补钙，还是在宝宝出生后补钙、儿童期补钙，对孩子的身高均没有影响[17][18]。

所以说，要想通过后天的努力让孩子长得更高，需要的是合理搭配膳食，再加上适当的户外运动。

6 个月内的宝宝无需补钙

母乳是婴儿最好的钙营养来源，母乳中的钙质是最易于婴儿吸收的[19][20]。目前为止，全世界母乳喂养的、足月产且不缺维生素 D 的婴儿中，还未见到缺钙的报道[21]。

无论妈妈的营养状况如何，是否缺钙，母乳都能给 6 个月前的足月产宝宝提供充足的钙质。母乳中的钙含量（妈妈的母乳中的钙含量的个体差异不大）都是能满足宝宝实际需求的[13]。（注：但需要注意的是，早产儿和低体重儿可能需要在母乳之外强化一些钙和别的营养素。早产儿和低体重儿的喂养是一个专门的领域，目前还没有很多证据支持一个最合理的喂养方案，不在本文中讨论。）

配方奶中的钙含量是以母乳为参照标准的[21][22]。但由于配方奶中的钙质的生物利用度没有母乳的高，因此配方奶中的钙含量会高于母乳中的钙，以期达到和母乳相同的实际的钙吸收量。

年龄小于 6 个月的时候，只要是科学喂养的、奶量摄入充足的宝宝，都不太可能缺钙。但对于那些纯母乳喂养，又不怎么晒太阳的宝宝，特别是生活在中国北方高纬度地区的宝宝，建议每天补充 400 国际单位（IU）的维生素 D，以保证钙的吸收[21]。

6～12 月以喝奶为主，无需额外补钙

6 个月后，合理添加辅食，并且每天保证大约 600 毫升的母乳或配方奶，就可以满足这个年龄段小朋友所需的钙质了。母乳中的钙在这个时期虽然含量有所下降，但仍然是生物利用度最高的钙来源[13]。以母乳喂养为主，加上合理的辅食，宝宝就不会缺钙[1][9][21][23][24]。如果是配方奶喂养，配方奶中的钙含量是远超过这个年龄段儿童的需要的[13][21]。

另外，世界卫生组织建议的合理的辅食添加原则是，宝宝 6 个月到 9 个月时，每天 2～3 次辅食，9 个月到 12 个月时，每天 3～4 次辅食。辅食的添加应注意合理搭配米糊或婴儿麦片、蔬菜、豆类、肉类、奶制品（酸奶、奶酪）等。

1～2岁保证牛奶供给＋合理饮食搭配，无需额外补钙

1～2岁的孩子的钙需求大约为每天500毫克（美国）到600毫克（中国膳食指南）[13][23]。这个年龄段的孩子已经可以喝全脂牛奶了，每天1～2杯（240毫升一杯）牛奶或酸奶，或者差不多量的母乳或配方奶，或者相应的奶酪（奶酪由于把牛奶中的水分丢掉了，所以钙含量非常高），再加上合理的饮食搭配（除了奶制品，其他日常食物也能提供一部分营养），也不会缺钙。

这个年龄段的宝宝已经可以吃成人食物，每天要保证种类丰富，颜色丰富的五大类食物：第一类是蔬菜、水果，第二类是谷物，第三类是瘦肉、禽类、鱼，第四类是蛋和豆类，第五类是奶制品[26][27]。

这个年龄段的孩子会跑了，活动量比较大，可胃容量还小，因此要少量多餐。每天除了喝奶，还应有3～4次进食，另外，如果孩子觉得饿，可以再增加1～2次营养零食，如小块的水果、小三明治、芝士条、酸奶等[25]。

牛奶及奶制品是大宝宝的最佳钙源

2岁到青春期前儿童的钙需求为每日500～800毫克[13][23]，根据日常饮食的搭配情况（奶制品的食物搭配中的钙摄入），平均每天1.5～2杯奶仍然被认为是能够提供足够钙营养的[26]。

2岁以后的儿童可以喝低脂或脱脂牛奶了，如果没有肥

胖的问题，继续喝全脂牛奶也是可以的。一杯 240 毫升的牛奶中含有约 300 毫克的钙质，是含钙最丰富、最易吸收、最方便食用的钙来源。每个年龄段的小朋友都应该被鼓励多喝牛奶[28]。

如果孩子乳糖不耐受，喝牛奶会拉肚子，可以分多次、少量饮用，这样可以避免出现乳糖不耐受的症状[29][30][31]。或者也可以喝等量的酸奶，或吃 100 克左右的奶酪（足以满足一个青春期或成年人每日需求的钙量）。奶制品是最好的钙来源，同时也能提供优质的蛋白质和其他能促进孩子发育的营养素，无论有没有乳糖不耐受，所有的孩子都不应该避免食用奶制品。

钙营养的其他食物来源

对于那些因牛奶蛋白过敏或其他原因不得不避免饮用牛奶或奶制品的孩子，也可以通过其他食物来获取钙[13]。一些低草酸的绿色蔬菜，如西兰花、大白菜叶、卷心菜、羽衣甘蓝和添加了柠檬酸钙的果汁都是很好的、易吸收的钙来源；豆腐也能提供生物利用率较高的钙；而一些含草酸高的食物（如菠菜、青豆等），或者一些含植酸高的食物（如植物种子、干果、谷物等），所含的钙则不易吸收[32]。比起牛奶，干豆中的钙的生物利用率只有牛奶的一半，而菠菜的钙的生物利用率只有牛奶的 10％[9]。如果在超市购买的是强化了钙的果汁或者添加了碳酸钙的豆奶，其生物利用率和牛奶差不多，如果是磷酸三钙，那么生物利用率是低于牛奶的[33]。

不能通过食物获得足够的钙，才考虑补充剂

如果有可能通过食物获取足够的钙的话，最好是通过食物获取，而不是选择钙补充剂[34]。以目前城市的生活条件来说，只要科学喂养，婴幼儿和儿童发生缺钙的可能性极小，但如果婴幼儿和儿童因为营养问题、需求量过大甚至疾病等原因出现难以通过饮食解决的缺钙问题，还是应该选择合适的钙补充剂进行治疗的。只是由于针对婴幼儿和儿童服用钙补充剂的研究还非常有限，且过高的钙摄入也会干扰其他一些营养素的吸收，在给孩子选择钙补充剂之前，还是应该咨询医生或营养师等专业人员。

市面上常见的儿童钙剂有乳钙、葡萄糖酸钙和碳酸钙[35][36]。选择钙剂的时候要注意看其中所含的钙成分的含量，而不是钙化合物的成分含量。乳钙和葡萄糖酸钙由于其中钙成分含量非常低，并不适宜用于补钙[35][36]。碳酸钙通常是固体片剂，每片成分钙的含量较高，因此需要服用的药片数比较少，价格相对便宜[37]。但是碳酸钙的吸收需要胃酸的参与，因此需要随餐服用，最好是同午餐或晚餐一起服用[24][38]。

结论：宝宝的身高跟钙营养没有直接关系。而且，只要

保证营养，你家的宝宝可能并不缺钙，自然无需补钙。

参考资料：

［1］ World Health Organization，Food and Agricultural Organization of the United Nations. Vitamin and mineral requirements in human nutrition. 2004.

［2］Novotny R，et al. Calcium intake of Asian，Hispanic and white youth. J Am Coll Nutr，2003.

［3］Wang M C，P B Crawford，L K Bachrach. Intakes of nutrients and foods relevant to bone health in ethnically diverse youths. J Am Diet Assoc，1997.

［4］Ta T M，et al. Micronutrient status of primary school girls in rural and urban areas of South Vietnam. Asia Pac J Clin Nutr，2003.

［5］何宇纳，翟凤英，王志宏，等. 中国居民膳食钙的摄入状况，卫生研究，2007.

［6］Li L，et al. Feeding practice of infants and their correlates in urban areas of Beijing China. Pediatr Int，2003.

［7］张茜君，宋澄清. 学龄前儿童钙剂使用情况调查分析及用药注意. 中外医学研究，2010.

［8］Lee W T，J Jiang. Calcium requirements for Asian children and adolescents. Asia Pac J Clin Nutr，2008.

［9］National Health and Medical Research Council and Ministry of Health. Nutrient reference values for Australia and New Zealand：including recommended dietary intakes. 2006，Canberra.

[10] Thacher T D, S A Abrams. Relationship of calcium absorption with 25 (OH) D and calcium intake in children with rickets. Nutr Rev, 2010.

[11] Voloc A, et al. High prevalence of genu varum/valgum in European children with low vitamin D status and insufficient dairy products/calcium intakes. Eur J Endocrinol, 2010.

[12] Baker S S, et al. American Academy of Pediatrics. Committee on Nutrition. Calcium requirements of infants, children, and adolescents. Pediatrics, 1999.

[13] Abrams S A. What are the risks and benefits to increasing dietary bone minerals and vitamin D intake in infants and small children? Annu Rev Nutr, 2011.

[14] Winzenberg T M, et al. Calcium supplementation for improving bone mineral density in children. Cochrane Database Syst Rev, 2006.

[15] McAfee A J, et al. Intakes and adequacy of potentially important nutrients for cognitive development among 5-year-old children in the Seychelles Child Development and Nutrition Study. Public Health Nutr, 2012.

[16] WHO. WHO child growth standards: length/height-for-age, weight-for-age, weight-for-length, weight-for-height and body mass index-for-age: methods and development. 2006: WHO.

[17] Winzenberg T, et al. Calcium supplements in healthy children do not affect weight gain, height, or body composition. Obe-

sity (Silver Spring)，2007.

[18]Prentice A. Milk intake，calcium and vitamin D in pregnancy and lactation：effects on maternal，fetal and infant bone in low-and high-income countries. Nestle Nutr Workshop Ser Pediatr Program，2011.

[19]Section on Breastfeeding，Breastfeeding and the use of human milk. Pediatrics，2012.

[20]Medicine，I O，Nutrition During Lactation. 1991，Washington DC：National Academy Press.

[21]Institute of Medicine. Dietary Reference Intakes for Calcium and Vitamin D. 2011，Washington DC：National Academies Press.

[22]Atkinson S A，et al. Handbook of Milk Composition. Major minerals and ionic constituents of human and bovine milk，ed. R. G. Jensen. 1995，California：Academic Press.

[23]Chinese Nutrition Society，[Dietary Guidelines of China]. 2010，Lhasa：The Tibetan people's publishing house.

[24]National Institute of Health and Nutrition. Dietary Reference Intakes for Japanese. The summary report from the Scientific Committee of "Dietary Reference intakes for Japanese". 2010.

[25]World Health Organization. Infant and young child feeding. 2014.

[26]National Health and Medical Research Council. Australian Guide to Healthy Eating. 2012：NHMRC.

[27]National Health and Medical Research Council. Australian Dietary Guidelines-providing the scientific evidence for healthier Australian diets 2013，Canberra：NHMRC.

[28]Heyman M B. Lactose intolerance in infants, children, and adolescents. Pediatrics, 2006.

[29]Novotny R. Motivators and barriers to consuming calcium-rich foods among Asian adolescents in Hawaii. Journal of nutrition education, 1999.

[30]Lomer M C, G C Parkes, J D Sanderson. Review article: lactose intolerance in clinical practice—myths and realities. Aliment Pharmacol Ther, 2008.

[31]Suarez F L. Lactose maldigestion is not an impediment to the intake of 1500 mg calcium daily as dairy products. The American journal of clinical nutrition, 1998.

[32]Weaver C M, W R Proulx, R Heaney. Choices for achieving adequate dietary calcium with a vegetarian diet. Am J Clin Nutr, 1999.

[33]Zhao Y, B R Martin, C M Weaver. Calcium bioavailability of calcium carbonate fortified soymilk is equivalent to cow's milk in young women. J Nutr, 2005.

[34]Green J H, C Booth, R Bunning. Postprandial metabolic responses to milk enriched with milk calcium are different from responses to milk enriched with calcium carbonate. Asia Pac J Clin Nutr, 2003.

[35]Chen S, et al. Prevalence of dietary supplement use in healthy pre-school Chinese children in Australia and China. Nutrients, 2014.

[36]Chen S, C W Binns, B Maycock. Calcium supplementation in

young children in Asia-prevalence，benefits and risks，in Child Nutrition and Health. 2013，Nova Science Publishers Inc：New York.

[37]Heaney R P，et al. Absorbability and cost effectiveness in calcium supplementation. J Am Coil Nutr，2001.

[38]Heaney R P. Absorption of Calcium as the Carbonate and Citrate Salts，with Some Observations on Method. Osteoporosis international，1999.

高钙奶更补钙吗？

阮光锋

流言：补钙应该喝高钙奶，因为高钙奶含钙更多，补钙效果更佳。

真相

所谓高钙奶，顾名思义就是钙含量更高的牛奶。很多人可能会想，同样是牛奶，为什么高钙奶的钙就多一些呢？其实，高钙奶的原料也是普通牛奶，只是在生产时人为地额外添加一些钙，也就使得钙含量高一些了。虽然我们平时都叫高钙奶，但其实有一个更专业的名字：钙强化奶[1]。

所谓强化，在营养学中就是对某种食物中的某种营养素进行补充，而这样的食品就称为"营养强化食品"[2]。生活中这样的"营养强化食品"其实还有很多，如加碘盐、加铁酱油等。高钙奶就是对牛奶中的钙进行了"强化"，其实也就是给牛奶"补钙"。

很多含钙的物质都是可以作为钙剂加入到高钙奶中的，如碳酸钙、乳酸钙、磷酸钙、乳钙、柠檬酸钙等[3]。目前，用得比较多的是碳酸钙和乳钙[4]。

"高"得有限制

向牛奶里添加大量的钙，实际上是一件很有技术难度的事，很容易破坏蛋白质体系的稳定，影响口感和杀菌稳定性[5]。

牛奶本身已经是高钙食品，其中的蛋白质和钙之间有着微妙的平衡，就像坐一辆车，每个位置对应一个钙离子，它们安稳有序地坐在各自的位置上，如果这个时候来了一群其他的钙，势必会打破这种平衡，有的离子就没位子坐了。而牛奶中富含的酪蛋白对钙离子非常敏感，加入钙剂会使在牛奶乳状界面的酪蛋白之间产生桥连接絮凝，进而导致沉淀和乳析等问题[6]。有研究发现，当碳酸钙的添加量在0.5‰～2.0‰或者乳钙的添加量在0.5‰～1.5‰时，高钙奶中的沉淀逐渐增加，而且，随着保存时间的延长，这种沉淀还会进一步增多[7]。所以，高钙奶中的钙，不是想加多少就可以加多少的。

高钙奶有多少钙？

一般来说，每100毫升普通牛奶中的钙含量大约在90～120毫克之间。那么，什么样的牛奶才能称之为"高钙奶"呢？根据中国最新的营养标签标准中规定，比普通牛奶的钙含量高出25％以上，才能称之为"高钙奶"[8]。也就是说，理论上每100毫升高钙奶的钙含量应该为112毫克～150毫克。

但有研究人员曾对市售几种常见品牌的高钙奶和普通纯牛奶的钙含量进行过调查，结果发现，高钙奶的钙含量只比纯牛奶高一点而已，如，每 100 毫升牛奶中，品牌 1 纯牛奶的钙含量为 79.2 毫克，而其高钙奶的钙含量为 81.2 毫克；品牌 2 纯牛奶中钙含量为 97.3 毫克，其高钙奶含钙量为 107.4 毫克[9]。可见，很多号称高钙奶的产品，其钙含量和普通全脂牛奶的差距，都不一定能达到 25% 以上，与普通脱脂奶相比，更没有那么大的差距。因此，从钙含量来讲，"高钙奶"并没有想象中那样与众不同，多花的钱带来的钙也极其有限。

牛奶高钙，无需补了

有人认为，高钙奶的钙含量始终还是比其他牛奶多一点，事实上，这是出于对牛奶本身的特点还不够了解。每 100 毫升牛奶的含钙量通常在 100 毫克左右，喝一杯 250 克的牛奶大约可以获得 250 毫克左右的钙[10]，相当于一天所需的 1/3。另外，牛奶中的钙其中有 1/3 以游离态存在，直接就可以被吸收，另外 2/3 的钙结合在酪蛋白上，这部分会随着酪蛋白的消化而被释放出来，也很容易被吸收。而人为添加的钙吸收率很低。而受成本的影响，现在大部分高钙奶中添加的都是碳酸钙，这种钙在人体内的吸收效果并不理想。

结论：高钙奶的"高钙"很大程度上只是一些商家的卖点，其与普通牛奶的钙含量差别并不大。牛奶本身含钙量就很丰富，成人在正常饮食之外，每天半斤普通牛奶，再加上绿叶蔬菜或豆腐等高钙食物，就可以满足每天的钙需求，没有必要刻意去买高钙奶。

参考资料：

[1]黄丽. 食品营养强化剂及其研究进展. 广东农工商职业技术学院学报，2006.

[2]王彬，魏福华. 浅谈营养强化食品与居民健康的关系. 中国食物与营养，2009.

[3]吴正奇，凌秀菊. 钙强化剂和钙强化食品的研究进展. 食品工业科技，2001.

[4]牛乳及乳饮料钙强化的新解决方案——活性乳化钙. 第十一届中国国际食品添加剂和配料展览会学术论文集.

[5]季万兰，丁美琴. 高钙奶的研究. 食品工业科技，2006.

[6]张锋华，张云，孟令洁，等. 高钙牛奶稳定性研究. 乳业科学与技术，2009.

[7]赵谋明，蒋文真. 高钙奶中不同钙剂对其稳定性的影响. 食品科技，2004.

[8]GB 28050-2011 食品安全国家标准：预包装食品营养标签通则.

[9]姚鑫，马力，孙艳. 原子吸收法测市售"高钙奶"的钙含量. 生命科学仪器，2008.

[10]杨月欣，王光亚，潘兴昌. 中国食物成分表. 北京大学医学出版社，2002.

猪肝明目？悠着点！

阮光锋

流言：经常都会听到"猪肝明目"的说法，很多人也很喜欢吃猪肝等动物肝脏，厨师们还专门开发了"明目猪肝汤"这道菜肴。

❧ 真相 ❧

说猪肝"明目"并非空穴来风，但多吃也无益。肝脏是动物体内储存维生素 A 的重要器官，100 克猪肝中大约含有 5000 微克维生素 A。关于维生素 A 的作用详见本书《胡萝卜吃多了会维生素 A 中毒吗？》一文。所以，对于缺乏维生素 A 的人来说，猪肝的确可以较快地帮助补维生素 A，对于维持视力健康有一定作用。从这个角度来看，猪肝"明目"的说法也有一点道理，但如果要靠猪肝来治疗近视，那就不靠谱了。

维生素 A 不是越多越好

维生素 A 由于是脂溶性的，所以不易从身体中排出。维生素 A 摄入过量可能导致骨骼生长异常，对孕妇的影响更大。成年人摄取维生素 A 的上限是每天不超过 3000 微克[1]。中国居民膳食营养指南推荐，成年男性的每日推荐摄入量是 800 微克，成年女性是 700 微克，转换成猪肝的重量，大约在 14～16 克。

而且，猪肝并不是补充维生素 A 的唯一膳食途径。其实，很多绿色、黄色和橙黄色的蔬菜和水果中都富含类胡萝卜素，其中部分类胡萝卜素在人体内可以转化成维生素 A，其中维生素 A 活性最高、食物中含量最多的就是 β-胡萝卜素了。对于中国大多数居民来说，β-胡萝卜素是维生素 A 的主要膳食来源。

植物性的维生素 A 源，即胡萝卜素，没有维生素 A 的毒性。即便从蔬菜水果中摄入过多胡萝卜素，结果也只是胡萝卜素过多症，表现为皮肤变黄，但对健康并无损害，停止摄入后，黄色也会消退。

猪肝中的其他有害物质

动物肝脏是动物体内重要的解毒和代谢器官。猪肝可谓猪体内最大的"解毒器"和"毒物中转站"，进入猪体内的有毒有害物质，如重金属、兽药、农药等都需要在肝脏中代谢、转化、解毒并排出体外。当猪的肝脏功能下降或有毒有害物质摄入较多时，其肝脏就会蓄积这些有害物质。

2003 年，广西医科大学对南宁市 10 个农贸市场中所售的猪肝等肝脏食品进行调查发现，猪肝中重金属镉与铅的含量较高，分别为每千克 0.149 毫克和每千克 0.703 毫克，均超出中国食品卫生标准[2]。2004 年，四川一项调查也发现，猪肝中的重金属含量要高于猪肉，不过大部分样本中的重金属含量并没有超标[3]。2012 年，一项对杭州下沙地区市售猪肝的调查发现，送检的 23 份样品中，超过九成的样品均涉嫌重金属铅超标[4]。虽然这只是一份小型的调查，送检的产品也不能完全反映杭州地区猪肝的安全情况，但是，这从一个侧面提醒我们，猪肝容易富集重金属，不宜多吃。

除了重金属，猪肝往往也存在更高的兽药残留。成都有调查发现，市售动物制品中，猪肝中兽药残留较高，虽然大多并没有超标，但是相比猪肉、牛肉等还是比较高的[5]。总体来说，猪肝、猪心等动物内脏的毒素往往是比较高的。

此外，猪肝的胆固醇含量也很高，100 克猪肝的胆固醇含量为 288 毫克[7]。胆固醇摄入过高，尤其是低密度胆固醇摄入过高，会增加心血管疾病的风险，为健康考虑，每天从食物中摄取的胆固醇含量不要超过 300 毫克。

结论：猪肝中丰富的维生素 A 对于维持视力的确有一些好处，但猪肝不是获取维生素 A 的唯一途径，也不是最佳食物来源。猪肝作为动物的重要代谢器官，更容易富集一些重金属、兽药等有害物质残留，与此同时，猪肝的胆固醇含量也很高。

参考资料：

［1］中国居民膳食营养素参考摄入量表. 2000.

［2］鲁力，肖德强，孙斌，等. 几种肝脏食品中部分有害物质含量分析. 铁道劳动安全卫生与环保，2003.

［3］柏凡，李云，高庆军，等. 猪肉猪肝中铅镉含量的测定. 饲料工业，2004.

［4］方丽娟，赵淑敏，蓝希宇，等. 杭州下沙地区市售猪肝中铅·镉污染状况调查分析. 农业灾害研究，2012.

［5］侯为道，傅小鲁，杨元，王炼，高玲，王兵. 动物性食品中兽药残留水平及膳食安全性评价. 现代预防医学，2004.

［6］宋渡汕，袁立竹. 猪肉、猪肝和猪肾中重金属含量及其健康风险评估综述. 桂林理工大学学报，2012.

［7］杨月欣，王光亚，潘兴昌. 中国食物成分表. 北京大学医学出版社，2002.

重口味的逆袭：吃盐越多越健康？

赵承渊

流言："医生们一直孜孜不倦地提醒我们，特别是高血压患者：为了你的心脏，请控制食盐量！但最新研究再次全面质疑两者的关系。《美国医学会杂志》一项研究比较了7800万美国人的钠摄入量和心脏病死亡率，时间跨度长达14年。结果却是，摄入钠越多的人，死于心脏病的概率反而越小。"

❧ 真相 ❧

这篇引用文献颇多的文章《高盐≠高血压》以上述概括形式在网上一度传播甚广，看上去相当有说服力。不过很可惜，关于食盐摄入与高血压之间关系的真相，却远远不是这么简单。总的来说，主流医学观点和研究结果尚不支持大家采信这样的报道。

惹出高血压的钠离子

从世界范围来看，高血压已经影响了接近25%的成年人口。科学家们预计，这一数字可能将在2025年达到60%。

在罹患高血压的人群中，除少数（约 5%）是由于某些特殊疾病造成的症状性高血压（又称继发性高血压）外，绝大部分是原发性高血压，此类高血压的发病往往与环境、遗传、心理、膳食等多种因素有关。由于高血压是心脑血管疾病的独立危险因素，而后者又是人类健康的第一杀手，因此防控高血压的意义重大。

食盐的主要成分是氯化钠。在人体体液中，钠离子是细胞外液最常见的阳离子，负责维持体液的晶体渗透压。细胞内外钠、钾、钙等带电离子的浓度相差较大，由此造成胞膜电位差，这是细胞产生及传导兴奋性的前提。人体每天都会经由尿液、汗液等途径排出钠，因此必须经由饮食补充钠离子，食盐则是钠离子的主要来源。一般来说，成年人每日至少需摄入 4.5 克氯化钠，折合成钠离子则少于 100 毫摩尔。

实验证明，钠离子摄入过多会引起肾上腺和脑组织释放内源性洋地黄样因子（digitalis-like factor）。在低钾环境的共同作用下，细胞膜上的钠离子泵就不能正常工作了，动脉血管平滑肌细胞的胞膜电位差减小，细胞兴奋性开始增强，变得更容易"激动"，最终表现出的结果就是动脉收缩、血压升高。钠离子潴留还会通过减低舒血管介质的合成来导致血压升高。上述机制能够解释为何大多数原发性高血压患者并没有体内水份的明显滞留。当然，一旦钠离子潴留过多，体液量明显增加，那么高血压就更好理解了。

在每日摄入钠离子少于 50 毫摩尔的人群中，极少能观察到与年龄相关的血压升高，而在每日摄入 100 毫摩尔以上钠离子的人群中则较为常见。不过，尽管世界大多数人口的每日钠离子摄入量都高于 100 毫摩尔，罹患高血压的人毕竟也只是其中小部分而已。因此，每日摄入多于 100 毫摩尔钠离子对于高血压病来说只能算必要非充分条件。

在一项名为"国际食盐与高血压研究"的调查中，研究人员纳入了 32 个国家的 10079 名对象，结果发现，30 年间每天多摄入 50 毫摩尔钠，平均收缩压和舒张压将分别提高 5 毫米汞柱和 3 毫米汞柱。该研究在排除了其他混杂因素的干扰后仍然观察到钠离子摄入与血压之间的正相关关系。动物实验也证实了食盐与高血压之间的关系。当把黑猩猩的每日食盐摄入量提高到 15 克时，它们的收缩压和舒张压分别提高了 33 毫米汞柱和 10 毫米汞柱，当去除食盐供应后，又恢复到正常。减低食盐摄入的降压效果在人类身上也获得了肯定。[2]

食盐摄入与疾病风险

长期血压控制不佳会导致动脉硬化，诱发心脑血管卒中，损害心脏、肾脏及全身各个脏器。既然过量摄入食盐与高血压有着密切关系，那么理论上也将间接与心脑血管疾病的发病率和死亡率等存在联系。

20 多年来，已经有不少针对上述问题的调查研究。其结果多数都与之前的预测接近。例如 2007 年发表于《英国医学杂志》的一篇题为"限制饮食中钠摄入对于心血管疾病长期效果的观察：预防高血压实验的观察性随访"的研究就表明，减少钠摄入不但能够预防高血压，而且将可能减低未来心血管疾病的长期风险。[3] 2010 年发表于《新英格兰医学杂志》的一篇名为"减低食盐摄入对于未来心血管疾病的预测效果"的文章则表明，适度减少食盐摄入将大大减少心血管事件以及医疗费用，值得作为公共健康目标来推动。[4] 正是基于类似的大量研究，国际权威医学部门、世界卫生组织和各国的膳食指南均提倡限制饮食中的食盐摄入。

当然，在同时期也的确有一些研究文章称没有观察到限制摄入食盐的明显益处，但这些意见并未成为主流。高盐与高血压之间存在较为明确的正相关关系，只是高盐与心血管疾病及总体死亡率之间的关系仍有争议。多数引起争议的研究结果都是针对后两者而进行的流行病学调查。流言中所引用的那篇《美国医学会杂志》的研究结果[5]也属于此类情况。流言中声称这篇文章"研究了 7800 万美国人的钠摄入量和心脏病死亡率"，谣言粉碎机调查员对此数据甚为惊异，阅读原文才发现其实此项研究的样本数量应为 7154 人，只是抽样结果"代表了 7890 万非制度化的美国成年人"。这篇文章的结论也只是一家之言，与其类似的众多研究并未得出一致的结果。

今年 5 月发表于《美国医学会杂志》的一篇文章更是宣称发现了低盐饮食的弊端：那些尿钠水平最低的对象因心血

管疾病死亡的风险要比尿钠水平最高的对象高 56％！[6] 这一颠覆性结果立即引起了广泛注意并占据了报纸的醒目位置。

本条流言涉及的文章也将这项研究作为低盐饮食无益甚至有害的论据。但事实上，虽然《美国医学会杂志》是一本重量级权威期刊，但他们发表的该研究却引发了激烈争论。哈佛大学公共卫生学院对这篇文章很不以为然。他们认为，第一，这篇文章的研究对象只有不到 4000 人，其中由于心血管疾病死亡的仅有 84 人，不足以得出颠覆性结论；第二，这一结论与过去多年以来确认的食盐与高血压存在清晰联系的结论相悖；第三，该研究以尿钠作为长期摄入食盐的观察指标，但仅用 24 小时的尿钠结果，不足以反映长期摄入食盐的情况；第四，那些高个子或大活动量的对象进食要更多，而多进食则常常意味着摄入食盐更多，但是，大活动量的人心脏往往要比缺乏活动的人要更健康，这项研究没有将此类情况考虑在内并予以校正。此外还存在丢失大量数据的情况，等等。[7] 总而言之，文章在科学上存在较多缺陷，其结果可信度有限。

另外，文章提到的关于低盐饮食会激活肾素－血管紧张素－醛固酮系统（RAAS）而导致高血压的观点，也没有得到主流认可。没有证据证明在推荐食盐摄入量的范围内，低盐饮食会诱发交感兴奋和 RAAS 激活。事实上，当前人类的饮食多是加工工业的杰作，这些食物通常富含钠而缺乏钾。相反，自然界中的天然食物往往是低钠而高钾的。例如，两片火腿就含有 32 毫摩尔钠和 4 毫摩尔钾，而一个橙子中则含有 6 毫摩尔钾而不含钠。在与世隔绝的以天然食物为主的部落人群中，食物每日往往会提供高达 150 毫摩尔的钾，而仅有 20～40 毫摩尔的钠，而这些人中高血压的发病率不足 1%。在食品工业出现之前的很长一段时间里，人类的食谱其实就是低钠而高钾的，或许我们肾脏的任务原本就是为了更好地处理钾而不是钠。

　　结论：流言涉及的文章有失偏颇，仅仅片面报道了学术界争论的一个话题，即"高盐饮食是否增加了心脏病发病及死亡的风险"。目前来看，高盐饮食与高血压之间的正相关关系仍很明确。医学界的主流意见仍提倡低盐饮食以预防高血压及其并发症。对于普通人而言，每天摄入的氯化钠应在 6 克以下，每日钠离子摄入量应少于 100 毫摩尔。

参考资料：

[1] 吴在德. 外科学. 人民卫生出版社，1984.

[2] Horacio J. Adrogué，Nicolaos E. Madias. Sodium and potassium in the pathogenesis of hypertension. N Engl J Med，2007.

[3] Cook N R，Cutler J A，Obarzane K E，et al. Long term effects of dietary sodium reduction on cardiovascular disease outcomes：observational follow-up of the trials of hypertension prevention（TOHP）. BMJ，2007.

[4]Kirsten B D，Glenn M C，Pamela G C，et al. Projected Effect of Dietary Salt Reductions on Future Cardiovascular Disease. N Engl J Med，2010.

[5]Cohen H W，Hailpern S M，Fang J，et al. Sodium intake and mortality in the NHANES II follow-up study. Am J Med，2006.

[6]Stolarz-Skrzypek K，Kuznetsova T，Thijs L，et al. Fatal and Nonfatal Outcomes，Incidence of Hypertension，and Blood Pressure Changes in Relation to Urinary Sodium Excretion. JAMA，2011.

[7]哈佛公共卫生学院：Flawed Science on Sodium from JAMA.

牛奶与香蕉同食会拉肚子吗？

少个螺丝

流言：某天，日本的某位演员发微博说早餐吃的是牛奶和香蕉。有网友担心这位演员的安全，问："牛奶和香蕉一起不是容易拉肚子吗？"不过这位演员回复说，没听说过香蕉牛奶同食会拉肚子的，而且这个早餐在日本是"最强组合"。那么，中国的这个香蕉与牛奶同食会拉肚子的说法是怎么回事呢？

网上搜索了一下，对香蕉与牛奶不能一起食用的解释大致有两种。一种是说：香蕉是凉性的，牛奶是热性的，同食会导致肠胃不合，并很可能腹泻；另一种说法则是从二者的成分来分析：香蕉中的果酸会使牛奶中的蛋白质变性沉淀，变得难以消化吸收，从而导致腹泻。

真相

流言中的说法究竟有没有道理呢？首先，给各种食物划分冷热属性并没有什么科学依据。退一步说，如果这个理论正确的话，那么流传甚广的属凉的螃蟹要搭配属热的姜汁来食用的说法又是怎么回事呢？是凉性配凉性，还是凉性配热性，看来推崇这种理论的人自己也没有达成共识。说香蕉和牛奶因所谓的冷热属性不同不能同食其实是说不通的。

拉肚子和没营养

至于说香蕉中的果酸导致牛奶蛋白质沉淀从而难以消化更是无稽之谈。的确，牛奶中的蛋白质在酸性环境下是会变性沉淀。但蛋白质变性之后只是因为结构改变而失去生物活性，并不影响它的营养价值，比如，酸奶中的蛋白质就已经变性沉淀了，但这毫不影响它丰富的营养价值。何况，香蕉含的果酸很少，远不及胃酸。就算不吃香蕉，牛奶中的蛋白质也会在胃酸的作用下变性。因而，这个说法同样没有道理。

然而，谣言之所以能传播这么长时间，肯定是有一些"事实"支持的。比如隔壁王二麻子哪天早晨吃香蕉喝牛奶拉肚子了，周围街坊邻居听说后就语重心长地说了："老一辈早就说香蕉和牛奶不能一起吃，肯定是有道理的。你就是不听！偏要相信什么'果核网'！"那么，王二麻子怎么就拉肚子了呢？这很可能是乳糖不耐受导致的。乳糖不耐受是指一些人的肠道里缺乏一种叫乳糖酶的消化酶，无法将牛奶或是其他食物中的乳糖有效分解吸收。没能分解的乳糖会被肠道细菌发酵，产生气体，引起腹胀，严重的会导致腹泻。人类断奶后因乳糖酶逐渐消失而导致的乳糖不耐受在白色人种以外的人群中非常常见，大部分华人都有程度不同的乳糖不耐受。不过，这些人并不是只要一摄入乳糖就会出现症状，而是在摄入一定量以后才会出问题。而这个"一定量"是因人而异的。有的人可能只要喝一点牛奶就会出现症状，有的人可能只有喝比较多了才会出状况。对于有乳糖不耐受的人来说，空腹大量喝牛奶无疑是更容易引起腹胀乃至腹泻的。我们悲催的王二麻子，很可能就是因为乳糖不耐受，那天或许是空腹，又恰巧多喝了几口牛奶，从而导致了腹泻。与牛奶一起食用的香蕉，只不过是"躺着也中枪"了。

实际上，牛奶和香蕉都是营养丰富的食物，牛奶可以补充钙质以及提供优质的蛋白质，而香蕉则可以提供丰富的维生素和矿物质，而且香蕉中的糖类还可以为身体提供能量。

巧克力牛奶还能喝吗？

除此之外，网上还流传着各种各样的饮用牛奶的注意事项，提到了好多不能与牛奶一起食用的食物，比如不可与果汁或者酸性水果（比如橘子）一起食用，因为牛奶中的酪蛋白会变性沉淀从而难以吸收等，这在上文已经反驳过了。再比如，说牛奶不能和巧克力一起食用，因为巧克力中的草酸会与牛奶中的钙结合形成草酸钙沉淀，影响钙的吸收，甚至会导致头发干枯，生长缓慢。实际上，食物中的草酸的确会结合钙质，生成草酸钙沉淀，并影响钙质的吸收。不过用于生产巧克力的可可粉中草酸含量虽然很高，达到每 100 克含有 470 毫克，但是等到制成巧克力以后，草酸含量已经大大降低，每 100 克黑巧克力仅含有 120 毫克草酸，健康人足以正常代谢这些草酸。另外，与其单独吃巧克力，让草酸与血液中的钙结合成沉淀，然后通过肾脏随尿而出，不如与含钙量高的牛奶一起吃，使之沉淀在消化道里，随着大便排出体外。这个其实与菠菜烧豆腐是一个道理。

结论： 谣言破解。牛奶和香蕉一起食用并不会引起腹泻，相反，牛奶和香蕉一起当早餐是一种很健康的搭配。如果偶尔有腹胀腹泻的情况，很可能是牛奶中乳糖引起的乳糖不耐受导致的，与香蕉没有关系。网上流传的很多不能与牛奶一起食用的说法也是没有科学依据的。只要两者都是正常干净的食物，混在一起吃并不会让人食物中毒。相反，养成多样化的膳食结构，均衡地获取营养才更有利于健康。

空腹吃香蕉，会出问题吗？

箫汲

流言："空腹吃香蕉的话就会拉肚子，而且由于香蕉富含钾，空腹食用对心脏功能差的人不好。"

❧ 真相 ❧

关于香蕉能通便的传言流传甚广，很多长期受便秘困扰的患者都曾经试图用香蕉来"解决"问题。在影视作品中，我们还能看到主角坐在马桶上一边用力"嗯嗯"，一边大嚼香蕉的镜头。关于吃香蕉会引起腹泻的说法，很有可能就是源于香蕉通便的传说。

对于"香蕉通便"的原理解释，通常有两种说法：其一，香蕉富含膳食纤维，而膳食纤维具有通便的作用；其二，香蕉中富含果糖，果糖具有通便作用，严重的可以引起腹泻。不过很遗憾的是，这两种说法都颇站不住脚。

通便？纯属误会

首先是膳食纤维。膳食纤维指的是食物中不能被人体消化的植物细胞残存物，包括纤维素、果胶等。膳食纤维确实有软化大便、促进排便的作用，适当食用有益健康。但香蕉在膳食纤维含量方面并无特殊的表现，仅为每100克含1.2克[1]，不仅低于水果，如梨、蜜橘等，还远远低于大多数谷类、蔬菜，以及几乎所有常见的菌菇类食品。如果按膳食纤维计算，它并不具备比其他植物性食物更为突出的通便能力。

膳食纤维不如人，那果糖效果如何呢？同样，香蕉的果糖含量与其他食物相比并无特殊之处。即使含量高于平均，仍然不具备通便甚至引起腹泻的能力。

临床上有一种名为"乳果糖"的通便药物，是由一个半乳糖残基和一个果糖残基构成的双糖。这种药物不能被小肠消化和吸收，进入大肠以后在肠道细菌的作用下会分解为小分子有机酸，这些代谢产物和乳果糖一起可以起到提高肠腔内渗透压，使大便变软、变稀的作用。同样，如果果糖能顺利进入大肠，也能起到同样的作用。但健康人的小肠具有强大的消化吸收功能，无论是以果糖单糖还是以蔗糖形式存在的果糖，小肠都能充分利用，除非短时间内摄入大量果糖，一般很少会留给大肠。只有乳果糖这样的例外可以逃脱小肠的吸收，而香蕉所含的果糖多为果糖单糖或蔗糖，无论是否空腹服用，都难以顺利到达大肠，发挥通便的作用。大多数食用香蕉后的腹泻往往是由于进食不洁食物引起的，或仅仅是出于巧合。

有一种很特殊的情况，是遗传性果糖不耐症。这样的患者体内缺乏一种消化果糖用的酶，因此小肠完全无法消化吸收和利用果糖，因而引起严重的腹泻。不过果糖不耐症是一种非常罕见的疾病，通常婴儿期就会发病，而且不止香蕉，患儿吃任何含有果糖的食物都会腹泻，并不属于通常探讨的范围。

讽刺的是，香蕉未必具有传说中的通便作用，反而是腹泻病人恢复期良好的营养补充品[2]。香蕉质地柔软，易于消化，富含碳水化合物且又少含脂肪，非常适合腹泻病人补充营养，促进身体恢复；而且，严重腹泻病人体内的钾离子会随粪便大量丢失，富含钾的香蕉就可以帮助患者快速补充丢失的钾。

生命离不开的钾

既然香蕉富含钾，可以迅速补充腹泻病人体内丢失的钾离子，那么心脏病人吃香蕉会不会出现高钾而对心脏不利呢？正常人的血钾浓度维持在每升 3.5～5.5 毫摩尔①之间[3]，血钾如果高于这个范围，无论正常人还是心脏病人，都有可能发生致死性的心律失常，引起猝死。血钾浓度的正常范围非常微妙，一个中等身材的成年人体内大约有 4000 毫升血液，理论上仅需 312 毫克的钾就能将血钾浓度从正常范围的每升 4.5 毫摩尔提升到危险的每升 6.5 毫摩尔，而香蕉的钾含量为每 100 克 256 毫克，只要摄入 122 克的香蕉就

———————————————

① 1毫摩尔/升钾离子折合3.9毫克/分升。

能补足这 312 毫克的钾。

这么说来，难道香蕉真的吃不得，无论是健康人还是心脏病人，仅仅摄入 100 多克就能要命？

对上述问题，任何一个有过一口气吃掉一整串香蕉经历的人都可以挺起腰杆回答：不可能。相反，人体每天对钾的需要量非常大，一个健康、非孕期的成年人，每天约需要钾 2000 毫克，甚至有人提出健康人每天应摄入 4～6 克钾[4]，而人体内所含钾的总量大约为 140～150 克，这些钾主要存在于细胞内，只有极少量存在于血浆中，而这极少量钾却对人体的各种生命活动发挥着极大的作用。因此人体内发展出一整套极为复杂而又极为精密的调节血钾的机制，以细胞作为钾的储备库，血钾高时存入细胞内，血钾低时放仓，维持血液钾离子的稳定，而有盈余的钾离子则通过肾脏排出体外。肾脏是人体最强大的废水处理厂，每天能够滤过 33000 毫克的钾，因此理论上讲，健康人即使每天摄入 30 多克钾（约合 13 吨香蕉）也不会有生命危险（其实，在高钾血症之前，你先要担心的是被撑死）。

只有对于那些肾脏或内分泌功能受损，不能正常排泄钾的人来说，严格限制钾的摄入量才是有必要的。虽然严重的心脏问题也会引起肾功能受损，但心脏疾病本身并不会使人更不适合摄入钾。相反，对于冠心病的重要危险因素——高血压病的患者来说，适当的高钾低钠饮食在控制血压和血管硬化、预防心梗发生方面有更加积极的作用。

结论：谣言粉碎。无论是否空腹，吃香蕉不仅不会引起腹泻和心脏病，反而是腹泻病人的良好营养品和帮助预防某些心脏疾患的健康食品，适合健康人和很多病患食用。但是肾功能受损的病人则不宜多食香蕉，以防因排钾功能受损而发生高钾血症。

参考资料：

［1］中国营养学会．中国居民膳食指南．西藏人民出版社，2007．

［2］Diarrhea：Top Eight Things to Eat When You Are Feeling Awful．

［3］朱大年．生理学．人民卫生出版社，2004．

［4］维基百科：钾离子．

第三章

饮食窍门打不开

辨别毒蘑菇，民间传说不可信

顾有容

流言：每年都会有媒体报道因误食毒蘑菇致死的案例[1]。但是，在慨叹草木无情之余，有些报道还以"教你一招"的名义列举了一些辨别毒蘑菇的方法。颜色不鲜艳，生长在特定树种林下……皆在其"方法"之列。这些生活"砖家"们还号称，遵循这些"经验"，可以在很大程度上避免中毒。

真相

这些辨识毒蘑菇的方法看起来都言之凿凿，殊不知，它们其实并没有科学依据，轻信并实践的话，反而是造成误食中毒的主要原因之一。卫生部的统计数据就显示，2010 年全国食用有毒动植物和毒蘑菇①的死亡人数共 112 人，占全部食物中毒死亡人数（184 人）的 61%，其中半数以上是误食毒蘑菇致死；而对中毒患者的调查表明，他们中的多数并

---

①　为了表达的方便，本文用"蘑菇"指代所有被称作菇、菌、蕈的大型真菌，而并不特指伞菌目蘑菇科的著名食用菌 Agaricus campestris。为避免混淆，该种未在文中提及。

不是不知道毒蘑菇的存在，而是在采食蘑菇时受到了这些辨别方法的误导。[2]

全世界约有 14000 种大型真菌，形态和成分都具有很强的多样性，辨别它们是否有毒需要专业知识，并非简单方法和特定经验所能胜任。因此对于不认识的野生菌，唯一安全的办法是绝对不要采食。

颜色无关毒性

"鲜艳的蘑菇都是有毒的，无毒蘑菇颜色朴素。"这是有关蘑菇的谣言中流传最广、影响力最大、杀伤力最强的一句，甚至上升到了箴言的高度。为了粉碎这条谣言，我们让大名鼎鼎的"毁灭天使"白毒伞（Amanita verna）现身说法。

白毒伞隶属伞菌目鹅膏科鹅膏属，是世界上毒性最强的大型真菌之一，在欧美国家以"毁灭天使"① 闻名，也是近年来国内多起毒蘑菇致死事件的元凶。白毒伞具有光滑挺拔的外形和纯洁朴素的颜色，还有微微的清香，符合传说中无毒蘑菇的形象，很容易被误食。"毁灭天使"以极高的中毒者死亡率（不同文献记载高达 50％～90％）残酷地嘲讽着这些传

---

① 毁灭天使（Destroying Angel）这个俗名包含了白毒伞和一些形态相似的近缘种，其中白毒伞、鳞柄白毒伞（Amanita virosa）、白刺头鹅膏（A. virgineoides）、黄盖鹅膏（A. subjunquillea）和致命白毒伞（A. exitialis）在中国有分布。

说的信众，因此还有个别名：愚人菇（Fool's Mushroom）。

经常被用来为"鲜艳的蘑菇有毒"这一印象做注解的，是与白毒伞同属的毒蝇鹅膏（Amanita muscaria）。鲜红色菌盖点缀着白色鳞片的形象构成了"我有毒，别吃我"的警戒色。然而，也有一些可食蘑菇种类是美貌与安全并重的。例如同样来自鹅膏属（这个属"出镜率"真高啊）的橙盖鹅膏（A. caesarea），具有鲜橙黄色的菌盖和菌柄，未完全张开时包裹在白色的菌托里很萌，有"鸡蛋菌"的别称，是夏天游历川藏地区不可不尝的美味。另外如鸡油菌（Cantharellus cibarius）、金顶侧耳（Pleurotus citrinipileatus）、双色牛肝菌（Boletus bicolor）和正红菇（Russula vinosa）等等，都是颜色鲜艳的食用菌。感兴趣的读者可以自己检索这几个拉丁名。

清洁环境也长毒蘑菇

再来看看这条说法："可食用的无毒蘑菇多生长在清洁的草地或松树、栎树上，有毒蘑菇往往生长在阴暗、潮湿的肮脏地带。"

其实，所有的真菌都不含叶绿素，无法进行光合作用自养，只能寄生、腐生或与高等植物共生，同时对环境湿度要求比较高，因此它们都倾向于生长在"阴暗潮湿"的地方。俗话说"潮得都要长蘑菇了"，就是这个道理。至于环境的"清洁"和"肮脏"，并没有具体的划分标准，更与生长其中的蘑菇的毒性无关。食用菌鸡腿菇（毛头鬼伞，Coprinus comatus）经常生长在粪便上，栽培时也常用牛马粪便作为培养基，而包括白毒伞在内的很多毒蘑菇都生长在相对清洁的林中地上。

蘑菇生长环境中的高等植物，尤其是与很多种蘑菇共生的松树和栎树（泛指壳斗科植物），也不能作为蘑菇无毒的判断依据。例如近年来在广州多次致人死亡的致命白毒伞（Amanita exitialis）就是和一种栎树（黧蒴栲，Castanopsis fissa）共生的，而其他的"毁灭天使"们也生长在栎树林、松林或由二者组成的混交林中。另有报道称，附生在有毒植物上的无毒蘑菇种类也可能沾染毒性，采食时须格外注意[3]。

长得丑就是毒蘑菇吗？

据说，"毒蘑菇往往有鳞片、黏液，菌杆上有菌托和菌环，没有这些特征的就不是毒蘑菇"。这种说法也不足为信。提及鳞片、黏液、菌托和菌环等形态特征术语，是毒蘑菇谣言"与时俱进"的表现，谣言甚至因此具备了一点可靠性。同时生有菌托和菌环、菌盖上往往有鳞片，是鹅膏属的识别特征，而鹅膏属是伞菌中有毒种类最为集中的类群。也就是说，按照"有菌托、菌环和鳞片的蘑菇有毒"的鉴别标准，可以避开包括白毒伞和毒蝇鹅膏在内的一大波毒蘑菇。但是，这条标准的适用范围非常狭窄，不能外推到形态高度多样化的整个蘑菇世界，更不能引申为"没有这些特征的蘑菇就是无毒的"。很多毒蘑菇并没有独特的形态特征，如亚稀褶黑菇（Russula subnigricans，红菇科）没有菌托、菌环和鳞片，颜色也很朴素，误食会导致溶血症状，严重时可能因器官衰竭致死。另一方面，这条标准让很多可食蘑菇躺着也中枪。例如，常见食用菌中的大球盖菇（Stropharia rugo-soannulata）有菌环，草菇（Volvariella volvacea）有菌托，香菇（Lentinus edodes）有毛和鳞片。

虫子吃的就没毒吗？

有人宣称"毒蘑菇虫蚁不食，有虫子取食痕迹的蘑菇是无毒的"，这个说法的逻辑和对转基因作物"虫都不吃，人为什么能吃"的错误判断如出一辙。人和昆虫（以及其他被称为"虫"的动物）的生理特征差别很大，同一种蘑菇很可能是"彼之砒霜，吾之蜜糖"。1996年，法国科学家诺曼·米尔（Norman Mier）等人报道了用黑腹果蝇在175种野生蘑菇中筛选潜在的生物农药来源的研究[4]，结果表明其中大多数对果蝇致命的蘑菇对人是无毒的。该研究中对果蝇毒性排名第二的是一种人类可食的蘑菇——红绒盖牛肝菌（Xerocomus chrysenteron，牛肝菌科）。同时，很多对人有毒的蘑菇却是其他动物的美食，比如豹斑鹅膏（Amanita pantherina）经常被蛞蝓取食。"毁灭天使"中的致命白毒伞（A. exitialis）也有被虫啃食的记录[4]。

银器、大蒜辨不出毒物

"毒蘑菇与银器、大蒜、大米或灯芯草同煮可致后者变色，毒蘑菇经高温烹煮或与大蒜同煮后可去毒。"这是有关毒蘑菇的传说中最荒诞不经的部分。始作俑者的想象力令人敬佩。烹调是食物进嘴前经历的最后一道工序，很多人因为没有看到那些纯属子虚乌有的"遇毒变色反应"而放下了心中疑虑，心甘情愿地将毒蘑菇吃进肚里。2007 年广州发生的一起误食致命白毒伞事件中，受害人就曾经用上述方法验毒。

银针验毒是个流传千年的传说，原理是银与硫或硫化物反应生成黑色的硫化银。古法提炼的砒霜纯度不高，常伴有少量硫和硫化物，用银器有可能会验出；但所有毒蘑菇都不含硫或硫化物，不会令银器变黑。至于毒蘑菇致大米、大蒜或灯芯草变色的说法则完全出自臆想，没有任何证据表明这种现象确实存在。这种凭空捏造的东西，驳起来颇有"浑身都是空门，不知从何下手"的无力感，好在一个反例就足以说明问题。我曾经试过将致命白毒伞和大蒜同煮，结果汤色清亮，大蒜颗颗雪白，兼之鲜香四溢，令人食欲大振……当然看看也就算了，是不能吃的。

高温烹煮或与大蒜同煮可以解毒的说法危害更甚，人们可能对解毒效果抱有信心而吃下自己无法判断的蘑菇，从而增加了中毒风险。不同种类的毒蘑菇所含的毒素具有不同的热稳定性。以白毒伞为例，它的毒性成分是毒伞肽（Amatoxins），包括至少 8 种结构类似、骨架为 8 个氨基酸构成的环状肽。毒伞肽的稳定性很强，煮沸、晒干都不能破坏这类毒素，人体也不能将其降解。其中毒性最强的 α-毒伞肽口服半致死剂量（LD50）是每千克体重 0.1 毫克，意味着吃下一两朵白毒伞就足以夺去一个成年人的生命，而且一旦入口就没有任何解药。大蒜里的活性物质虽然有一定的杀菌作用，但对毒蘑菇完全无能为力。

除此之外，有些可食蘑菇含有少量加热后会分解的有毒物质，必须烹煮至熟透，否则食用后可能导致不适，吃火锅的时候尤其要注意。前文提到的食用菌鸡腿菇含有鬼伞素，会阻碍乙醛脱氢酶的运作，导致乙醛在体内聚集，大量食用的同时又大量饮酒的话，容易出现双硫仑样反应，需要注意。

结论：谣言粉碎。请记住，辨别野生蘑菇是否可食需要分类学的专业知识，民间传说一概不靠谱。没有专业人士在场时，如果凭自己或自己信任的人的经验不能百分之百确定某种野生蘑菇可食（此处"经验"指吃过并能凭外形判断），那么唯一正确的方法是：绝对不要吃！

参考资料：

[1]七岁男孩误食毒菇身亡，父亲捐儿子角膜回报社会.

[2]卫生部办公厅关于 2010 年全国食物中毒事件情况的通报.

[3]羊城晚报. 带眼识毒菇. 2011-3-15 B05 版.

[4]N Mier，S Canete，A Klaebe，et al. Insecticidal properties of mushroom and toadstool carpophores. Phytochemistry，1996.

用蒜子检测地沟油靠谱吗？

ZC

流言：有个检测地沟油的最简单方法就是，在炒菜时放一颗剥皮的蒜子。因为，蒜子对于黄曲霉素最敏感，所以，如果蒜子变红色，就是地沟油，含有大量黄曲霉素。如果食用油良好的话，蒜子是白色的。另外，把你家里的油放到冰箱里两个小时，如果出现白色的泡沫，那就是地沟油。

真相

地沟油的检测问题一直备受关注，尽管卫生部门都表示目前还找不到通用的检测方法，但是网上声称能够辨别地沟油的技巧有如雨后春笋一样冒了出来。面对连专业机构都无法攻克的难题，这些小技巧当真靠谱吗？

地沟油，检测难

当前我们所说的地沟油，实际上指的已经不单单是字面意义上从下水道打捞上来的油脂，而是作为废弃食用油的统称，包括地沟油、潲水/泔水油、煎炸老油、劣质动物油等[1]。

虽然质监部门和科研机构一直致力于找出各类废弃食用油脂的共通点，但是由于废弃食用油的来源各不相同，经历过各种加工和勾兑，因此其中所含有的物质五花八门，含量也不尽相同。此前，卫生部征集得来的五种最有可能成功的检测方法，在精制地沟油面前也败下阵来，只能继续征集方法[2]。可见想要找出一个通用可靠的方法，是极其困难的。

既然如此，流言中的方法真能好使吗？

蒜子法不可信、不可靠、不通用

黄曲霉毒素来源于黄曲霉，是一种强致癌物质，也是地沟油中可能存在的有害物质之一。这种霉菌可以在很多作物上面生长，花生就是其中之一。如果生产单位的花生存放不当，很容易就会生成黄曲霉。所以，其含量一直都是食用植物油的重点检测指标。不单在油厂申请 QS（企业食品生产许可）认证时需要出具产品的检验报告，不同级别的质监和工商部门也经常抽查。比如，在 2010 年的国家抽检中，广东有 14 批次的产品上了黑名单，其中就有因为黄曲霉毒素超标的[3]。

尽管黄曲霉毒素的威胁由来已久，但用蒜子来检测黄曲霉素却是个新方法。我们在数据库里找不到关于大蒜遇黄曲霉毒素变色的文献报道。如果你在网上查找相关的说法，搜索结果都指向这则流言。而且流言的描述也模棱两可，可以检测出多少含量的黄曲霉毒素、需要加热多久才会出现红色等问题，都没有明确的说法。这些问题使这个方法的可信度大打折扣。

更重要的是，地沟油的黄曲霉毒素含量并不一定是超标的，比如，用煎炸老油重新加工制作的地沟油虽然会含有大量多环芳烃和反式脂肪酸等对人有害的物质，但其黄曲霉毒素含量完全有可能是合格的。即便蒜子遇上黄曲霉毒素真的会变色，也不具备识别出其他类型地沟油的能力。

综上，这是一个不可信、不可靠、不通用的方法，即便蒜子没变色，也不代表油就是安全的。

冰箱辨真伪也不靠谱

通过凝固点来判别地沟油的方法，此前果壳已经发布了分析文章《凝固点鉴别地沟油是否靠谱？》，这次流言提到的方法，其实只是一个变种。

一些饱和脂肪酸含量较高的食用油在温度降低到一定程度以后，也会逐渐凝固析出固体，不过外观上不应该是流言所说的泡沫。而地沟油因为经过使用，成分复杂，可能会混有食物残渣等杂质，经过简单的过滤虽然可以隔除较大的杂质，在常温下是澄清的，但是动物油脂和蛋白质之类的杂质，随着温度降低逐渐凝固析出以后可能会在油表面上形成泡沫状的分层。

但同样的问题，并不是所有的地沟油在冰箱冷藏以后都会出现泡沫，这样的检测对于大多数情况，特别是精制和勾兑过的地沟油是无能为力的。

防地沟油，目前没有太多办法

对于质量合格的食用油，确实不会出现蒜子变红、冷藏出现泡沫的现象。出现上述现象，原因可能是因为地沟油，也可能是食用油质量不合格。比如产生泡沫，就有可能是因为榨油后的除杂工序没做好。对于国家质检部门，明确区分这两者是必须的，以利于合理处罚和整顿。

而对于消费者，只要是质量不合格都是不可接受的。从这个意义上说，只要遇到不正常的现象，都需要怀疑这个油是不是能用。但消费者同时也应该清醒地认识到，要防范地沟油，目前在技术上是没有很好的办法的，更多的是要在流通环节上加强警惕（当然，相关部门的质量安全过程监管是重中之重）。

另外，有问题的地沟油主要是销向餐饮市场，超市零售并不是主要渠道。因为经营成本的压力，加上法制意识和食品安全意识不强，廉价的精制地沟油对一些小餐馆、食品小作坊会有比较大的吸引力。因此，为了减少遇到地沟油的风险，消费者需要注意的是在外就餐尽量选择有信誉的餐馆，日常烹饪用油选购有信誉的品牌。

结论：流言破解。没有任何研究和理论支持蒜子可以检测出黄曲霉毒素。冷冻对一小部分地沟油的检测有效，但不是通用方法，不具备普适性。目前还没有通用的地沟油检测方法，要防范地沟油，消费者需要做的是尽量选择有信誉的餐馆和烹饪用油。

关于地沟油的补充知识：

粗制的地沟油颜色深，气味难闻，如果冒充食用油很容易被发现。如果不法商家使用技术手段为地沟油除杂，吸附脱色，真空脱臭或者添加香精，精制出来的地沟油就很难以肉眼识别了[4]。如果再和合格食用油仔细勾兑，在色泽、澄清度和折光率等质量指标上达到国标要求是可能的，甚至各项检测指标达到食用油卫生国家标准（GB 2716-2005）[5]也不是不可能，毕竟这些检测指标是针对正常的生产流程制定的。

因为这样的处理在技术上并不复杂，成本也不太高，对于商人而言还是有利可图的。但是这样得到的油仅仅是看起来像食用油，而不是真正能吃的食用油。

真要把地沟油精炼到可以安全食用的程度，不但要把黄曲霉毒素、重金属元素、苯并芘、多环芳烃、洗涤剂等各种有毒有害杂质彻底清除，还要注意不能在处理过程中引入新的有害物质，同时设备也要确保清洁卫生。这样一折腾，技术难度和成本自然就高了，可能毫无利润可言。

参考资料：

[1]a）李臣，周洪星，石骏，等．地沟油的特点及其危害．农产品加工，2010（06）：69-70．

b）王磊．试结合地沟油谈食品商品质量要求．价值工程，2011（19）：114．

c）陈媛，周晓光．食用油脂的卫生及其对人体健康的影响．武汉食品工业学院学报，1997．

[2]吴鹏．卫生部征地沟油检测方法．腾讯新闻．2011-10-13．

[3]貌信玲．国家抽检食用油广东14批次产品上黑榜．南方网．2011-01-07．

[4]佚名．记者动手3天便炼成地沟油．时代快报．2011-09-28．

[5]中华人民共和国卫生部，中国国家标准化管理委员会．GB 2716-2005．食用植物油卫生标准．2005．

"5秒规则"靠谱吗？

绵羊c

流言：你是不是也曾经将掉落的食物迅速捡起，吹一吹就吃下去了呢？因为觉得掉落的时间不长，看上去也不脏，所以继续吃没关系。甚至还有人对"迅速"做出精确的量化，得到所谓的"5秒规则"——食物掉在地上后，如果5秒内被捡起来就还可以食用。

真相

世界上真有对食物落地后停留时间的研究，比如对"5秒规则"进行统计整理的芝加哥高中女生吉莲·克拉克，还因此获得了2004年的"搞笑诺贝尔奖"①。此后，这个5秒规则衍生出不同的版本。在美剧《老爸老妈浪漫史》中，巴

---

① 吉莲·克拉克是在参加伊利诺伊大学高中生科学营时开展的"5秒规则"研究。她的调查发现，"5秒规则"深入人心，有70％的女性和56％的男性都很熟悉"5秒规则"，并在食物掉到地上时用这一规则判断食物是否还可以食用；女性比男性更倾向于把掉在地上的食物捡起来吃掉；相比椰菜花，小熊软糖和饼干从地上被捡起来吃掉的概率更高……她凭借这一研究获得了2004年"搞笑诺贝尔奖"公共卫生奖，并出席了欢乐无边的颁奖典礼。

尼和罗宾就都对莉莉提到过它的变种之一"10 秒规则"。前不久，《每日邮报》也对这个规则提出了一些新的"见解"。报道[1]指出，英国曼彻斯特都市大学的研究人员受生活用品品牌"微力达"所托，用实验验证"3 秒规则"。他们使用了 5 种食物，分别与地面接触 3 秒、5 秒和 10 秒，并分别检测食物捡起后是否有细菌在上面繁殖。实验结果显示，抹果酱的面包和火腿"表现良好"，相同接触时间下繁殖的细菌较其他食物更少，实验人员认为这是因为高糖分和高盐的环境不适合微生物生长。因此文章认为"3 秒规则"或者"5 秒规则"对高糖高盐的食物似乎是适用的。

高糖高盐能带来低风险吗?

不过，《每日邮报》的这篇报道其实存在一些问题。首先，报道中的研究并没有发表论文。这使得我们仅仅能通过这篇报道来了解研究做了些什么、结论是什么，可能存在偏差。另一方面，由于缺乏科学界同人的审核，结论的准确性难以得到保证，因此有理由对实验的严谨性和可信性保持怀疑。

其次，根据现有的信息，这项研究可能存在偏差。高糖分或高盐分的环境确实不适合微生物生长，但人们捡起掉落的食物之后都会立刻吃掉，通常不会给细菌足够的时间去"繁殖"，因此是否适宜细菌"繁殖"并不重要，重要的是掉落的那一刻食物会"沾上"并紧接着被人吃下去多少细菌。

而这一点和掉落地点的清洁程度有很大关系。

《每日邮报》在文章最后提及，"3 秒规则"只在家中适用，并不建议在公共场所也采用。这其实是在强调掉落地点清洁程度的重要性。但是病菌的存在与否是没有办法用肉眼判断的，即便是在比较干净的家里也可能存在风险。而在这篇文章传播的时候，环境因素的影响被完全忽视了，被强调的只是"3 秒"和"高糖高盐食物"。

3 秒、5 秒和 10 秒，统统不重要

其实早在 2006 年年初，克莱姆森大学从事食品科学研究的道森教授（P. Dawson）就针对"5 秒规则"做过一系列实验，并把实验结果发表在学术期刊《应用生物学杂志》上[2]。

道森和同事们先让含沙门氏菌的培养液均匀覆盖在瓷砖上，并在室温条件下培养，以观察细菌数量随着培养时间的变化。实验结果表明，细菌们非常顽强。在干燥环境下，24 小时以后瓷砖每平方厘米的细菌数量可以达到上千个，672 小时即 28 天以后，每平方厘米瓷砖上仍有几十到几百个细菌不等，而这个数量的细菌已足够从瓷砖表面转移到食物上。

接着，他们用香肠片分别与表面培养了一段时间沙门氏菌的木头、瓷砖和地毯接触 5 秒、30 秒或 60 秒，并用面包片和培养着沙门氏菌的瓷砖重复了同样的实验，以观察不同

的食物类型、不同的地板类型、不同的细菌培养时间以及不同的接触时间分别对细菌转移量有何影响。

实验结果显示，当食物接触刚刚被细菌污染的木头或瓷砖时，细菌转移率（即食物上沾到的细菌数与食物和地板上所有细菌数的比值）可达到 50％～70％，随着细菌在地板上的生长时间增长到 24 小时，转移率会慢慢下降到 10％～30％。即便如此，转移到食物上的细菌数量还有每平方厘米几百到上千个。香肠和面包这两种不同的食物之间，细菌转移量上并没有明显区别。值得注意的是，相较木头与瓷砖，从地毯到食物的细菌转移率要低得多，只有不到 1％。不过可不要误以为地毯更安全卫生，是"5 秒规则"的好伙伴，实际上由于地毯的环境更适合细菌生长，即便细菌转移率如此之低，转移过去的绝对数量还是跟木头和瓷砖相差无几。并且，地毯保持细菌活性的能力很持久，相同培养条件下，24 小时以后地毯上的细菌量能达到木头和瓷砖的 10～100 倍。实验同时还显示，转移的细菌数量与食物和地板的接触时间没有关系，5 秒接触带来的细菌和 10 秒、60 秒几乎一样多，细菌的转移是立即发生的。

经过这一系列实验，道森和同事得到结论：在细菌从地板向食物转移的过程中，细菌在地板上的生长时间对细菌数量和转移量起着重要的作用，而食物的类型以及食物和地板接触的时间的影响并不大。看来不管 3 秒、5 秒还是 10 秒，我们都快不过细菌。

结论：谣言粉碎。从地板到食物的细菌转移是立即发生的，快速捡起食物并不能避免细菌污染。吃了这样的食物是否会生病，和食物上沾到的细菌是否有致病菌以及病菌数量有关，但这些都不是靠肉眼和迅速捡起就可以控制的，谨慎的做法还是不要吃。"5秒规则"并不靠谱。

参考资料：

[1] Daily Mail：Do you believe in the three-second rule? Scientists reveal whether food dropped on the floor is safe to eat（if it's picked up quickly enough）.

[2] Dawson P，et al. Residence time and food contact time effects on transfer of Salmonella Typhimurium from tile，wood and carpet：testing the five-second rule. J Appl Microbiol，2007.

水果，早上吃才好吗？

阮光锋

流言："上午的水果是金，中午到下午3点是银，3点到6点是铜，6点之后的则是铅。"

❧ 真相 ❧

从检索的结果来看，这个说法应该来源于国外的古谚语，原文是：Fruit is gold in the morning，silver at noon，and lead at night。早在1893年出版的菲利普·马斯克特（Philip E. Muskett）所著的《澳大利亚的生活艺术》中就有这样记载[1]。有意思的是，英文中表达"过犹不及"这个意思的谚语，其字面意思与这条流言极其相似，只是主角换成了黄油，原话是 Butter is gold in the morning，silver at noon，and lead at night[2]。虽然不确定国外的朋友是不是还照字面意思来理解这条谚语，不过从营养角度来看，它是没有多少科学道理的。

"金银铜时间"从何而来？

有观点认为"金银铜"之说的道理在于早上吃水果最易

吸收，而晚上吃水果的吸收最差。这个解释过于想当然了。事实上，人体的消化吸收能力和进食时段并没有多大关系。消化吸收的能力主要与消化液的分泌状况和胃肠蠕动的能力有关。进食以后，健康人的消化系统都会分泌消化液、增强蠕动来促进消化吸收，这些与什么时候吃并没有直接联系，而与年龄有一定关系，通常老年人的消化液分泌会减少、消化功能会减退。也就是说，不管早上还是晚上，消化系统对水果的吸收其实没有区别。试想，你晚餐不吃水果，还是要吃其他东西的呀？而且水果是很好消化的食物，因为水果中含量最多的是水分和碳水化合物，碳水化合物是三大供能营养素中消化最快、最容易被人体吸收的营养素。三大供能物质是指碳水化合物、蛋白质和脂肪。

另外，在一些饮食建议里会有"早上吃水果"的说法，出发点往往是因为中国大多数居民的早餐营养构成过于单一，通常只有主食和肉蛋奶类，水果蔬菜的比重太小。如果配上一些水果，可以提供维生素和膳食纤维，更有利于营养均衡。从这个方面来看，提倡早上吃水果，对于丰富中国居民早餐、提高早餐质量是有好处的。

但这并不等于水果晚上吃就不好。更不用说，新鲜水果对健康有很多益处。

要健康就多吃，不论何时

水果中含有丰富的多酚、类黄酮等抗氧化物质，还是维生素 C 的重要来源。现在，已经有大量的研究证据证明，多吃水果对人体健康是有好处的。

哈佛大学曾对 11 万人进行了长达 14 年的膳食跟踪调查，发现那些每天吃水果较多的人，心血管疾病的发生率明显低于吃水果少的人[3]。同时，多吃水果也有利于降低中风的患病率[4]。日常膳食中若有丰富的水果，还可以较好地减低高血压的患病率[5]。水果中还含有丰富的叶黄素和玉米黄素，对于预防老年性黄斑有十分重要的意义[6]。多吃水果还可以降低癌症的发生率和死亡率[7]，对于预防糖尿病[8]、肥胖[9]都有积极作用。

水果对我们的健康有如此多的好处，世界各国的营养建议都推荐多吃水果。最新的美国膳食指南推荐成年男性每天吃水果 2 杯①，而成年女性每天吃水果 1.5 杯[10]。中国营养学会推荐成年人每天吃 200～400 克水果。

但实际情况是，世界各国居民的水果消费量还比较低，远没有达到推荐的食用量。因此，我们现在面临的问题更多的是水果吃得不够，而不是吃水果的时间不对。

哈佛大学公共卫生学院的健康餐盘就建议一日三餐最好

---

① "杯"（cup）是一个在欧美国家很常见的非正式计量单位。因为非正式，所以并没有统一的国际标准，最小的大约是 200 毫升，最大的可以到 284 毫升。英联邦国家的一杯是 250 毫升，美国的一杯习惯上是半个品脱，也就是 237 毫升，但是用到食品标识上的法律定义是 240 毫升，日本的一杯是 200 毫升。

都要吃一些水果，而且最好餐盘里面有一半是水果和蔬菜——注意，这里可并没有强调只有早餐吃水果，而晚餐就不能吃吧。同时，为了提高大家的水果食用量，也建议平时将水果放在容易看见的地方，这样会更想吃[11]。

需要提醒的是，这里讲的多吃水果是建立在总能量不变的基础上，用水果替代部分其他食物。也就是说每天的总能量摄入要保持不变，多吃水果的同时要适量减少其他食物的摄入量，如肉类、淀粉类主食、脂肪等食物。如果其他食物没有减少，而只是增加水果的量，会导致摄入的总能量过高，增加肥胖的风险，对健康是不利的。

结论：谣言粉碎。对于健康的人来说，吃水果并没有什么时间上的限制。在食物总能量不超标的基础上，只要你的胃感觉舒服、没有不适，想吃水果就吃吧，早上、中午或者晚上，都可以。

参考资料：

[1]Philip E. Muskett，The Art of Living in Australia.

[2]维基百科：英语谚语集.

[3]Hung H C，Joshipura K J，Jiang R，et al. Fruit and vegetable intake and risk of major chronic disease. J Natl Cancer Inst，2004.

[4]Feng J He，Caryl A Nowson，Graham A MacGregor. Fruit and vegetable consumption and stroke：meta-analysis of cohort

studies. Lancet，2006.

[5]Appel L J，Moore T J，Obarzanek E，et al. A clinical trial of the effects of dietary patterns on blood pressure. DASH Collaborative Research Group. N Engl J Med，1997.

[6]Sommerburg O，Keunen J E，Bird A C，et al. Fruits and vegetables that are sources for lutein and zeaxanthin：the macular pigment in human eyes. Br J Ophthalmol，1998.

[7]World Cancer Research Fund，American Institute for Cancer Research. Food，Nutrition，Physical Activity，and the Prevention of Cancer：a Global Perspective. Washington DC：AICR，2007.

[8]L A Bazzano，T Y Li，K J Joshipura，et al. Intake of fruit，vegetables，and fruit juices and risk of diabetes in women. Diabetes Care，2008.

[9]Leonard H Epstein，Constance C Gordy，et al. Increasing Fruit and Vegetable Intake and Decreasing Fat and Sugar Intake in Families at Risk for Childhood Obesity. OBESITY RESEARCH，Vol. 9 No. 3 March 2001.

[10]2010 Dietary Guidelines for Americans. Center for Nutrition Policy and Promotion，U. S. Department of Agriculture.

[11] The Nutrition Source. Vegetables and Fruits：Get Plenty Every Day.

生食更健康？

阮光锋

流言：随着西餐、日韩料理在中国越来越流行，许多人都尝试并逐渐接受生食。生鱼片、生蔬菜沙拉随处可见，甚至生拌牛肉、生蚝也有人愿意尝试。热爱生食的人会在自己家中做生食，他们认为"生食是纯天然的饮食方式，不用加热，所以完全不破坏营养素"。

真相

虽然对有些食材来说，生吃的口感确实更好，但是随之带来的难消化、易感染等风险是否值得换取那点舌尖上的快感呢？

肉类生食风险更高、消化率更低

生肉类和海鲜生产、储藏、加工及运输过程中都有被微生物污染的风险。常见细菌污染有生鸡蛋上的沙门氏菌，生牛肉中的 O157：H7 型大肠杆菌，生蚝中的创伤弧菌等。冷冻、辣酱、芥末、烟熏、酒精等都无法完全杀死有害细菌，只有充分加热才可以。而寄生虫问题在生鱼片上更常见。中国常见吃河鱼生鱼片感染肝吸虫的案例，而即使是海鱼做的生鱼片，也不像你想象的那么安全。

也许你会说，我知道生吃肉有风险，可蛋白质加热会变性，吃不变性的蛋白质是否会消化吸收得更好呢？这个疑虑大可不必有。其实，蛋白质变性不等于降低了消化吸收率。适当的热处理会使蛋白质的结构发生伸展，暴露出一些被掩埋的氨基酸残基，有利于我们体内的蛋白酶的催化水解，甚至能促进蛋白质的消化吸收。当然，食物被煮得过熟时，有时会因为破坏了氨基酸结构而使利用率下降了，使得消化率降低。所以我们也不提倡过度烹饪。

过度烹饪是一个什么概念呢？用体外消化来模拟人胃的消化、用消化酶为胃液素来研究食物的消化率时发现：对于牛肉来说，烹饪时间更重要，100℃烹调5分钟和270℃烹调1分钟时，牛肉的消化率最高，但100℃烹调15分钟甚至更久的牛肉，消化率就变小了，所以炖到烂软的牛肉不一定消化率更高。对于猪肉来说，烹饪温度更重要，70℃烹饪时消化率开始逐渐增加；当烹饪温度超过100℃时，蛋白质会逐渐发生一些氧化反应，受此影响，消化速度开始减慢，但是猪肉的整体消化率还是在增大；超过140℃，猪肉的蛋白质消化率逐渐减小。

虽然体外消化模型并不能完全代表人体消化系统，但它还是能很好地反映食物的消化特性，同时，也提示我们适当的烹调处理是有利于提高食物消化率的。除了肉类，对豆类及谷物的体外消化研究发现，适当的烹调处理也可以提高淀粉的体外消化率。

加热会让蔬菜营养全失吗？

蔬菜的烹调加热的确会造成一些营养素损失，比如 B 族维生素和维生素 C 等。不同烹调处理，损失比例会有所不同。但是，这些损失可以通过增加食用量来弥补，通常烹饪能让人比生食吃下更多的蔬菜。因为生蔬菜植物细胞壁比较硬，会增加消化负担。另外，十字花科蔬菜西兰花、白菜花、萝卜等未烹饪时含有硫化物的气味，也很难多吃。

同时，适当的烹调也可以增强我们对一些营养物质的吸收。有研究将番茄在 88℃ 温度下煮 30 分钟后测定，发现有一种番茄红素——顺式番茄红素的含量增加了 35%，原因主要是因为适当的加热能破坏植物细胞壁，加速番茄红素溶出，帮助人体更好地吸收。

曾有一项对 198 名德国男性进行的调查，受调查者平时吃东西时 95% 以上都是生吃。研究者测定了他们体内番茄红素的含量，结果发现，这些人体内番茄红素偏少，超过80% 的受试者低于平均水平。番茄红素是一种类胡萝卜素，有非常好的抗氧化作用。近年，有很多研究都证实，番茄红素有助于减少癌症和心脏病的发生。哈佛大学研究人员表示，番茄红素可能是一种比维生素更有前景的抗氧化剂。

不仅番茄，胡萝卜、菠菜、蘑菇、芦笋、卷心菜、辣椒等很多蔬菜经恰当烹调后都会有更多的抗氧化物质，如类胡萝卜素和阿魏酸等。研究不同烹调方法对蔬菜营养的影响会发现，水煮和蒸这两种烹调方法比油炸能更好地保存蔬菜中的抗氧化物质类胡萝卜素，其中胡萝卜、西葫芦和西兰花这三种蔬菜中类胡萝卜素含量最高。

所以加热蔬菜尽管损失了一部分维生素，但也增加了另一部分营养素的吸收率。同时，烹调加工有利于除去部分农药残留，是一种降低摄入农药残留的好办法。

生食注意事项

尽管生食有更高的风险，也不一定让我们能更好地消化吸收其中的营养成分，但是随着生食越来越流行，在偶尔尝试时，也需要知道如何明智地生食。

（1）生食时要特别注意卫生条件。因为没有加热杀死细菌和寄生虫的过程，建议选择专门为生食屠宰检疫的肉类，购买专门为生食种植的蔬菜。加工过程中注意消毒相关器皿和工具。

（2）苦杏仁、竹笋及其制品、木薯及木薯制品等食用植物中含有氰甙，不宜生吃。香港食品安全中心对常见食用植物检测发现，苦杏仁（北杏）、竹笋、木薯及亚麻籽样本的氰化物含量范围为每千克 9.3～330 毫克。氰甙本身是无毒的，但当植物细胞结构被破坏时，含氰甙植物内的 β-葡萄糖苷酶可水解氰甙生成有毒的氢氰酸（氰化物）。氢氰酸可引起人类的急性中毒，严重者可导致死亡。所以，这类食物是绝对不能生吃的。

（3）很多豆类蔬菜含有凝集素，不宜生吃。这种植物凝集素是一种能够使红细胞凝集的蛋白质。生吃含有凝集素的豆类食物会引起恶心、呕吐等症状，重则可致命。不过，凝集素在加热处理时均可以被破坏，所以，四季豆、扁豆、豆角都不可以生吃。但是豌豆中不含有这种红细胞凝集素，可以生吃。在不能分辨的情况下，避免生吃豆类。常见豆类蔬菜中适合生吃的有豌豆及其变种荷兰豆和甜豆。

（4）生食海产品要注意适量，因为可能导致维生素 B_1 缺乏。维生素 B_1（硫胺素）是 B 族维生素的一种，它在体内虽然很少，但是缺乏时容易患脚气病。一些宰后的鱼类和甲壳动物中存在一种能够分解维生素 B_1 的酶——维生素 B_1 水解酶（又叫硫胺素酶）。过去，亚洲贵族嗜好生吃鱼类和鱼子酱，常造成维生素 B_1 缺乏，严重的还会导致脚气病的产生。

结论：生食并不比烹饪后食用更健康。适当的烹调可以提高食物的消化率，可杀死寄生虫和有危害的微生物，可以消除很多天然有害物质，还能帮助减少一些农药残留。烹调加工的确会损失一些营养素，但也有一些营养素的含量是升高了的。

参考资料：

[1]Veronique Santé-Lhoutellier，Thierry Astruc，Penka Marinova，et al. Effect of Meat Cooking on Physicochemical State and in Vitro Digestibility of Myofibrillar Proteins. J. Agric. Food Chem，2008.

[2]Marie-Laure Bax，Laurent Aubry，Claude Ferreira，et al. Cooking Temperature Is a Key Determinant of in Vitro Meat Protein Digestion Rate：Investigation of Underlying Mechanisms. J Agric Food Chem，2012.

[3]Chi-Fai Chau，Peter C-K Cheung. Effect of Various Processing Methods on Antinutrients and in Vitro Digestibility of Protein and Starch of Two Chinese Indigenous Legume Seeds. J Agric Food Chem，1997.

[4]Laura Bravo，Perumal Siddhuraju，Fulgencio Saura-Calixto. Effect of Various Processing Methods on the in Vitro Starch Digestibility and Resistant Starch Content of Indian Pulses. J Agric Food Chem，1998.

[5]Veronica Dewanto，Xianzhong Wu，Kafui K Adom，et al. Thermal Processing Enhances the Nutritional Value of Tomatoes by Increasing Total Antioxidant Activity. J Agric Food Chem，2002.

[6]Ada L Garcia，Corinna Koebnick，Peter C Dagnelie，et al. Longterm strict raw food diet is associated with favourable plasma β carotene and low plasma lycopene concentrations in Germans. British Journal of Nutrition，2008.

［7］Sushma Subramanian. Fact or Fiction：Raw veggies are healthier than cooked ones. Scientific American.

［8］Cristiana Miglio，Emma Chiavaro，Attilio Visconti，et al. Effects of Different Cooking Methods on Nutritional and Physicochemical Characteristics of Selected Vegetables. J. Agric. Food Chem，2008.

［9］邓绍平，等. 香港食用植物中氰化物含量及加工过程对其含量的影响. 中国食品卫生杂志，2008.

［10］氰化物，入口即死的"毒药之王"?

［11］阚健全. 食品化学. 中国农业大学出版社，2002.

胡萝卜一定要用很多油来炒吗？

范志红

流言："胡萝卜需要用很多油来烹饪或者需要和肉一起烧，这样才能让人吸收当中的维生素 A 前体 β-胡萝卜素，这个说法流传甚广，深入人心。"

✤✤ 真相 ✤✤

毫无疑问，羊肉炖胡萝卜、煸炒胡萝卜丝的美味口感，加深了人们"吃胡萝卜要用油"的印象。但是，想要最高效率地吸收 β-胡萝卜素，一定要用很多油来帮忙吗？

烹调对 β-胡萝卜素的影响

没有必要用大量油来烹饪胡萝卜的第一个原因是，加油高温烹饪对于食物中 β-胡萝卜素的损失较大。

相比于蒸煮处理，β-胡萝卜素在高温烹调下的损失非常显著，对胡萝卜先加油炒制 2 分钟后再加水煮制 8 分钟，其中的 β-胡萝卜素的保存率为 75.0%，显著低于漂烫和汽蒸（保留率都在 90% 左右）的处理。含 β-胡萝卜素的蔬菜经过油炒处理 5～10 分钟后，β-胡萝卜素的保存率为 81.6%，低于汽蒸处理，但高于加油炖煮[1]。

因为生鲜蔬菜完整的细胞壁中含有大量果胶，会在一定程度上降低 β-胡萝卜素的生物利用率。烹调加热有利于提高深色蔬菜中类胡萝卜素的生物利用率，研究人员给受试女性连续 4 周食用加热处理后的菠菜与胡萝卜，与食用同量生鲜蔬菜相比，其血浆中 β-胡萝卜素的含量水平上升值可至 3 倍左右[2]。但是高温加速了 β-胡萝卜素这种抗氧化剂的氧化速度。同时，当烹调中使用了大量油脂时，β-胡萝卜素也更容易从胡萝卜中渗出到油脂中，而这些溶有胡萝卜素的油脂可能附着在烹调器具和餐盘上而有所损失。

小肠中脂肪来帮忙

β-胡萝卜素的确是需要油脂帮助吸收的。但要多少油才够呢？需要菜盘子里面汪着油吗？少放油会不会影响 β-胡萝卜素的吸收呢？如果只用油拌不用加热，效果会一样吗？

一项在菲律宾儿童当中进行的研究，比较了食用拌有不同量脂肪的煮熟的富含 β-胡萝卜素的蔬菜（包括胡萝卜）的结果。这些孩子被分成 3 个组，让他们在一餐中摄入富含胡萝卜素的煮熟蔬菜，但其中油脂量很少，只有每餐 2 克、5 克和 10 克脂肪（这是很没油水的饭菜，相比之下，北京居民现在每日平均用油量是 83 克之多，炒一个菜就用 30 克油的家庭比比皆是）。同时孩子们在饭后也会吃些含有脂肪的零食，每日脂肪总摄入量分别是 21 克、29 克和 45 克，相当于一日能量摄入的 12％、17％ 和 24％。这个比例，相比于都市居民每日脂肪总摄入量普遍超过了一日能量摄入的 30％ 的水平，还是显得太低[3]。研究者随后对孩子们的血液做检测时发现，无论是哪个组，血液中 β-胡萝卜素和维生素 A 的含量都增加了，而且增加的幅度并无明显差异[4]。

研究人员同时也发现，在摄入烹饪过的富含 β-胡萝卜素的蔬菜后，一段时间内再摄入其他含油脂的食物，也会促进食物中 β-胡萝卜素的吸收。停留在肠道中的胡萝卜素可以等到肠腔内新的脂肪到来，然后与脂肪一起形成乳化微球，从而被吸收。

另一项在美国进行的研究，给受试者吃含有生胡萝卜碎的蔬菜沙拉，分别用含 28 克、6 克、0 克脂肪的沙拉酱来拌。结果发现，吃 28 克脂肪沙拉酱那一组的血液中，β-胡萝卜素的含量明显比其他两组高，而吃不含脂肪的沙拉酱那一组，β-胡萝卜素在血液中的增长很微弱。该研究也发现了和前面一个实验类似的结果，β-胡萝卜素在血液中的浓度，在进食过蔬菜沙拉后的 6 个小时，伴随着新的一餐（被试对象自己选择），β-胡萝卜素在血液中的浓度迎来了第二个峰值[5]。

两项研究合在一起来分析，可以说明吸收食物中的胡萝卜素是需要脂肪来帮忙的。适当的加热处理有利于 β-胡萝卜素从植物性原料的细胞中释放出来。一些文献中提到，如果蔬菜能够煮熟，只需要 3～5 克脂肪就可以达到有效促进吸收的效果[6]。如果蔬菜没有被烹调变软，吸收胡萝卜素就需要更多脂肪来辅助。

　　结论：谣言部分破解。想要很好地吸收 β-胡萝卜素，烹调胡萝卜并不需要用大量油脂，只需少量油脂或者同餐中摄入油脂即可。一段时间内摄入的油脂都有助于 β-胡萝卜素的吸收。当然，如果你喜爱把肉和胡萝卜同烧，也没有坏处。另外，富含 β-胡萝卜素的不只是胡萝卜，南瓜、红薯和深绿色叶菜（空心菜、菠菜、西兰花等等）都是很好的 β-胡萝卜素来源。

　　虽然加油烹调不如蒸或煮那样有利于保存胡萝卜中的 β-胡萝卜素，但胡萝卜和肉一起烧还是很好吃的！

参考资料：

[1]王强，韩雅珊. 不同烹调方法对蔬菜中 β-胡萝卜素含量的影响. 食品科学，1997.

[2]Rock C L，Lovalvo J L，Emenhiser C，et al. Bioavailability of β-Carotene Is Lower in Raw than in Processed Carrots and Spinach in Women. The Journal of Nutrition，1998.

[3]王陇德，中国居民营养与健康状况调查报告之一，2002 综合报告. 人民卫生出版社，2005.

[4]Ribaya-Mercado JD，Maramag CC，Tengco LW，et al. Carotene-rich plant foods ingested with minimal dietary fat enhance the total-

body vitamin: A pool size in Filipino schoolchildren as assessed by stable-isotope-dilution methodology. American Journal of Clinical Nutrition，2007.

[5]Roodenburg A J C，Leenen R，van het Hof K H，et al. Amount of fat in the diet affects bioavailability of lutein esters but not of alpha-carotene，and vitamin E in humans. Am J Clin Nutr，2000.

[6]Brown M J，Ferruzzi M G，Nguyen M G，et al. Carotenoid bioavailability is higher from salads ingested with full-fatthan with fat-reduced salad dressings as measured with electrochemical detection.

还在"以貌取人"分辨转基因？太不科学了！

风飞雪

流言：黑脐大豆是转基因大豆，饱满白亮的大米是转基因大米，表面光滑的马铃薯是转基因马铃薯，颜色鲜红很好看的西红柿是转基因西红柿，表面相对较光滑且头部往内凹的胡萝卜是转基因胡萝卜，而且夏天卖的胡萝卜一般是转基因的……

真相

各种以貌取人的做法都是不适当的，以外貌分辨转基因作物更是不可取。

大豆种脐颜色与转基因无关

中国是大豆的起源中心，因此中国的大豆品种资源十分丰富，截至 2002 年，中国已完成了 23587 份国内大豆品种资源以及从国外引进的 2156 份品种资源的农艺性状鉴定和目录编写[1][2]。豆脐是豆子与豆荚的结合部位，颜色深浅只是大豆品种特征的一个表现方面，其颜色变化十分多样：从黑色、褐色直到黄色、白色，依照国际通行的划分方式有六七类之多[3][4][5]，与是否转基因大豆没有必然联系。就拿豆脐褐色的"黑脐豆"来说，在中国本身就有很多品种。例如江西选育的"赣豆6号"[6]、湖北选育的"金大豆626"[7]、安徽选育的"芦豆一号"[8]以及新疆选育的"沙湾黑脐豆"[1]等。由此可见，用"黑脐豆"这一特征来判定大豆是否转基因是不靠谱的。同理，由于大豆籽粒大小和形态也是大豆品种多样性的体现，不同品种大豆的籽粒大小形态也具有差异[5][9]，流言中所讲靠形态区分转基因大豆与非转基因大豆的方式，也不靠谱。

广泛种植的孟山都转基因大豆（Roundup Ready，GTS 40-3-2），其未转基因的母本大豆是A5403[10]，而A5403大豆的种脐正是黑色的（imperfect black）[11]，但进口转基因大豆在中国的主要用途是榨油，市场上不应该出现完整的转基因大豆。

大米，长得不好的就是次等米？

中国常见水稻主要分为两类：一是多种植在东北、华北地区的粳稻，二是多种植在华南地区的籼稻。粳稻的籽粒较为矮胖，显得较圆，又因为其中支链淀粉稍多，做出的米饭一般较黏。我们熟知的珍珠大米，其本质就是粳稻。籼稻的籽粒较长较瘦，由于支链淀粉较少，做出来的饭黏度稍小于粳稻，著名的扬州炒饭所用米就以籼米为佳，而东南亚菜肴中所采用的大米，基本也都是籼稻类型。此外，大米本身的光泽度，由于胚乳性质及碾米过程不同而有所变化。从这里就可以看出，所谓"又长又瘦又亮"，这本身就是籼稻的特征，若以这条标准来判断转基因大米，估计扬州炒饭和泰国香米都要"中枪"了。粳稻和籼稻的外形有显著差异，粳稻短粗、籼稻细长。

流言中还提到，长得不好、长得不饱满、个头小的大米是"天然大米"，这个是对商品化大米生产过程不了解所致。我们看到的大米，是水稻经过收割、脱壳、碾米等步骤生产出的胚乳，但大米在碾米后不能直接上市出售，还需要经过一个评级过程，即按照一定标准将大米分为不同档次。根据中国大米标准 GB 1354-86[12]，需要依据不完善粒比例、杂质比例、碎米量等指标将大米分为特等、一等、二等和三等共四个等级。长得不好、不饱满的大米很有可能是等级较低的大米。因此，依靠"长得不好、不饱满、个头小"等特征来判断是否转基因大米，是毫无依据的。

马铃薯，白富美受欢迎？

在流言中，有光滑表皮的马铃薯都是转基因的，且在削皮之后不变色的说法。但事情可没这么简单。马铃薯是块茎类作物，我们看到的一个个马铃薯，实际上是马铃薯的变态的茎。茎上必定生有芽，马铃薯表面的坑洼凹下去的地方就是马铃薯的芽眼。不过，芽眼的存在使得马铃薯加工颇为不便，因此人们在马铃薯育种过程中力求得到芽眼较浅、形状较为规则的马铃薯。随着人们的努力，很多芽眼浅且性状规则的马铃薯品种被选育出来，例如东北广为栽种的"尤金"[16]"早大白"[17]等杂交品种，均为皮白、薯圆、芽浅的高产品种。

流言中进一步说道，削皮后不会变色是转基因马铃薯的最显著标志。那么这条是否靠谱呢？虽然通过转基因手段抑制多酚氧化酶可以起到减缓马铃薯变黑的作用，但目前还处于实验室研究阶段，没有商品化种植。

番茄，美貌换美味

平时经常听见有人抱怨，说现在的番茄样子看起来好看，但是吃起来没有原来番茄的香甜，口感也变差了。因此有传说是由于市场上都是转基因番茄的缘故。事实真的是这样吗？

实际上，这种变化的确存在，但这并非转基因造成的，而是人们在番茄育种上一次"鱼与熊掌"的取舍。早期番茄在未成熟的时候，表面有很多深绿色斑点，使得番茄在成熟的过程中表面不能很均匀地变红，看起来红一块绿一块。因此在 20 世纪 20 年代末，育种研究人员发现了一种具有浅绿色未成熟果实的番茄品种，它们在成熟过程中可以均匀地变红，果实品相很好。然而，随着这个品种和以其为亲本获得的其他品种在世界范围内广泛种植，人们发现，番茄的含糖量和类胡萝卜素水平降低了。最近人们才了解到造成这个结果的原因——在这些品种中，一个名为 GLK2 的基因发生了突变。这个基因的作用是增加果实中叶绿素的含量，它突变后消除了番茄幼果上由于叶绿素累积造成的深绿色斑点，使得果实能够均匀变红，但代价是果实的光合作用强度下降，使得果实糖和类胡萝卜素含量下降，从而造成了西红柿口味变差[19]。可见，番茄变得漂亮和口味变差，并非由转基因造成。

番茄成熟除了变红外，还有一个过程就是果实的软化。果实的软化是由于其内部产生乙烯这种气体激素造成的[20]。软化的番茄虽然好吃，但是对于运输来说却是灾难——没有一个运输商愿意看到一车番茄变成番茄酱吧？于是人们就开始着手研究让番茄变得更耐运输的方法。一个最简单的方法是在番茄尚未完全成熟时就进行采摘和运输，然后等待其自然软化或者用外源乙烯使其软化。由于这种番茄软化方式并不均一，因此使得番茄软硬程度不一。另一个方法是筛选果实成熟后乙烯含量较低、果实较硬的品种，例如"L-402"[21]"金冠5号"[22]等，都是较硬、耐运输的品种。随着生物技术的发展，人们有意地采取基因工程手段，降低果实内乙烯产生途径上的一个酶的表达，生产出了乙烯含量低、耐运输的转基因番茄。例如中国第一种批准种植的转基因作物"华番一号"番茄就是这样的典型例子[23]。

从目前市场情况来看，市场上的番茄大部分为非转基因番茄，同时也有转基因番茄存在的可能[30]，但从上文可见，流言中所示的方法并不能有效区分转基因番茄和非转基因番茄。超市中的番茄由于统一采购、统一运输，因此多采用商业化番茄品种，相比于农家自种的品种，会显得规格均一、成色较好，但这并不代表超市里的番茄有更大可能是转基因品种。此外，小番茄是地地道道的杂交品种，所谓"小番茄是转基因品种"的谬论可以休矣。

胡萝卜和大白菜，想买转基因的还买不着呢！

这条"辨别方法"最不靠谱的地方，在于目前市面上压根儿没有转基因胡萝卜。目前被报道的转基因胡萝卜都还处于实验室开发和实验阶段，世界范围尚无进行商业种植的转基因胡萝卜[27]，中国也没有对转基因胡萝卜的进口许可。

流言中居然宣称"夏季的胡萝卜一般都是转基因的"。在现代农业如此发达的今天，出现这样的结论令人大跌眼镜。胡萝卜是两年生植物，其肉质根是其越冬前储藏养分的部位[25]。因此传统上的确多是在夏秋播种，在秋冬趁其肉质根充分膨大时收获。不过目前很多胡萝卜品种都可以进行春播夏收的反季节栽培，以满足市场需求[26]。

和马铃薯一样，流言中对于胡萝卜的区分方法也是简单的"以貌取人"。胡萝卜也存在极多品种，胡萝卜肉质根的形态是区分不同品种的重要标志，一般分为圆锥形、圆柱形和球形三大类，而每类又可根据长短不同进一步划分[24]。流言中所谓的"尾部有时比中间还粗"的"转基因胡萝卜"，实际上就是普通的圆柱形根形的胡萝卜品种，常见的"黑田五寸"等均属此类。

转基因大白菜的描述也是一个大大的乌龙——流言中所说的大白菜品种"福山大包头"，是山东农业大学进行转基因科研中使用的供试材料，其本身并非转基因品种[31]。并且，目前也没有任何转基因大白菜品种被授予转基因安全证书。因此所谓"福山大包头是国家目前已确认的转基因白菜品种"为子虚乌有。

番木瓜，最常见的转基因

目前，市场上的木瓜（准确地说是番木瓜）绝大部分都是转基因品种，它们转入的是抗环斑病毒基因。环斑病毒是番木瓜生产中的一种毁灭性病害，转入该基因后能显著提高植株对该病毒的抗性，从而提高果实品质[28]。转基因番木瓜上世纪末就在多个国家获得了商业种植许可，而中国于2010年也审批通过了"华农一号"等转基因番木瓜在华南地区的商业化种植[30]。另外提一句，对于进口番木瓜来说，上面粘贴的标签上的编码（称为 PLU）若以 8 开头，则说明该番木瓜是转基因品种。但由于 PLU 码并非强制标注以及转基因番木瓜的普遍种植，因此没有编码的进口番木瓜也有很大可能是转基因品种。

结论：人类目前栽培的农业作物，是经过千百年筛选、培育出的。由于种植环境、使用目的的差异，造成了作物品种的多样性。这些多样性可以表现在颜色、形态、习性、产品性质等各个方面。而转基因作物，转入的基因多是抗病、抗虫或抗除草剂基因，其表达产物对植物形态没有显著的影响。且在转基因作物选育过程中，尽量不改变作物原有的非目的特性，是选育原则之一。因此，仅依靠一些外表特征来判断某种作物产品是否转基因，是相当不靠谱的做法。随着作物交流的增加和育种的发展，很多之前不常见的作物品种现在都变得常见。看到自己没见过的品种就条件反射般地想到"转基因"，是没必要的。此外值得指出的是，市场上能够作为商品销售的转基因食品，都需经过严格检测和审批才会上市，和传统食物的安全性没有差异。因此我们在购物时，也不必对转基因食品另眼相待。

小贴士：

2009 年，农业部为两种转基因水稻（汕优 63 和华恢 1 号）颁发了在湖北省生产应用的安全证书[13]，但因审慎起见，尚未批准进行商业化种植。这表明，这两种转基因水稻仅能在湖北省内种植，且不得用于商业买卖。但由于其抗虫性优良，在个别地区发现有非法种植并混入普通大米进行商品流通的现象，从而使得中国一些出口大米受到影响。这是中国法律所不允许的。目前任何非法种植、生产、流通转基因水稻的行为都要受到制止。

和水稻情况类似的另一种主粮作物玉米也受人关注。中国目前仅为转植酸酶基因玉米品种 BVLA430101 颁发了安全证书[13]，但和水稻一样，并未允许商业化种植。此外中国还进口了 MON810、G21 等十余个转基因玉米品种用于加工[18]。但这些进口转基因玉米并不允许在国内进行种植。先前被误传为"转基因玉米"的先玉 335，其父本为自交系的 PH4CV，母本则为由自交系 PH09B 和 PH01N 杂交而成的 PH6WC，其本质是一个地道的杂交种[14][15]。将先玉 335 认作转基因作物是对专利文件的误读所致。

参考资料：

[1]胡明祥，田佩占. 中国大豆品种志. 农业出版社，1993.

[2]邱丽娟，常汝镇，陈可明，等. 中国大豆品种资源保存与更新状况分析. 植物遗传资源科学，2002.

[3]United States Department of Agriculture：Items of Interest in Seed，2007.

[4]Soybeans：Variety Selection.

[5]Specific Work Instructions：Soybean Seed Crop Inspection Procedures.

[6]黄宏. 江西选育成功大豆新品种"赣豆 7 号". 农村百事通，2012.

[7]魏花杰. 湖北选育成功大豆新品种"金大豆 626". 农村百事通，2010.

[8]郑炜. 高产豆芽王——芦豆一号. 致富之友，1994.

[9]牛远，徐宇，李广军，等. 大豆籽粒大小和粒形的驯化研究. 大豆科学，2012.

[10]Bruce G Hamond，et al. The Feeding Value of Soybeans Fed to Rats，Chickens，Catfish and Dairy Cattle is not altered by Genetic Incorporation of Glyphosate. Tolerance. J Nutr，1996.

[11]SOYBEAN CULTIUAR A5547：United Sate Patent US5659113.

[12]中国大米标准 GB1354-86.

[13]2009 年第二批农业转基因生物安全证书批准清单.

[14]Broglie，et al. Polynucleotides and methods for making plants resistant to fungal pathoyens. 2009.

[15]谷歌专利：专利 US585953 Inbred maize line PH09B.

[16]范书华. 牡丹江山区半山区马铃薯品种"尤金"高产栽培技术. 中国马铃薯，2012.

[17]中国作物种质信息网：马铃薯早大白.

[18]进口用作加工原料的农业转基因生物审批情况.

[19]Uniform ripening Encodes a Golden 2-like Transcription Factor Regulating Tomato Fruit Chloroplast Development. Science，2012.

[20]武维华. 植物生理学. 科学出版社，2003：174.

[21]辽南农业信息网：L-402 番茄.

[22]吕书文，等. 番茄新杂交种金冠五号的选育. 辽宁农业科学，2008.

[23]叶志彪，等. 利用转基因技术育成耐贮藏番茄——华番 1 号. 中国蔬菜，1999.

[24]欧承刚，等. 胡萝卜根粗和根长的遗传及其杂种优势分析. 园艺学报，2009.

[25]陆时万，等. 植物学（上）. 高等教育出版社，1991：306.

[26]李丁仁，等. 反季节春种胡萝卜品种比较实验. 宁夏农林科技，2006.

[27]Eng Choug Pua，Michael R Davey，et al. Transgenic Crops IV. Springer-Verlay Berlin and Heidelberg GmbH&Co. K，2007.

[28]饶雪琴. 转基因番木瓜研究进展. 中国生物工程杂志，2004.

[29]2010 年第二批农业转基因生物安全证书批准清单.

[30]农业部批准在各省（市、区）生产应用的农业转基因生物安全证书清单.

[31]朱常春. 抗芜菁花叶病毒转基因大白菜的培育. 植物病理学报，2001.

越吃越瘦的食物真的存在吗？

阮光锋

流言："负能量食物（negative calorie foods）是吃了不仅不会给人体增加能量储备，反而会消耗能量、越吃越减肥的食物。"甚至某科学杂志的网站上也在最新专题里介绍"负能量食物"，包括苹果、芹菜、羽衣甘蓝、番木瓜和生菜等 25 种食物。[1]

❧ 真相 ❧

真正的负能量食物并不存在，网络上推荐的大多是一些能量低、富含膳食纤维的植物性食物，至于打着"负能量"旗号大肆宣传的减肥产品就更不靠谱了。

究竟什么是"负能量食物"？

"负能量食物"的概念大约在十几年前就已出现，它并不是指所含能量小于零的食物，而是指消化时所需能量大于其本身能提供能量的食物。

食物的基本功能之一就是为人们提供日常活动所需的能量。但人们在进食过程中也要消耗一些能量，如咀嚼、吞咽、消化、吸收等。如果消化某种食物所消耗的能量大于食物所提供的能量，比如 100 克某种食物提供 80 千卡能量，消化这种食物却需要 100 千卡能量，那么，该食物所产生的能量效应就是-20千卡，这就是"负能量食物"的理论基础。这个理论看上去无懈可击，边吃边减肥的确吸引人。不过，真的存在"负能量食物"吗？

食物消化需要消耗多少能量？

我们的一举一动，大到跑步、游泳，小到站立、眨眼都是要消耗能量的，吃饭也不例外。食物中提供能量的三大营养素，即蛋白质、碳水化合物和脂肪，都是以大分子形式存在的，人体并不能直接吸收利用，必须分解成小分子才能消化和吸收。

比如吃一个汉堡，要先用牙齿咀嚼成较小的形状进入食道，进而进入消化系统，在消化系统里会有各种酶将这些细小的食物颗粒进一步分解成更小的分子，如将淀粉分解成单糖、将甘油三酯分解成甘油一酯和脂肪酸、将蛋白质分解成氨基酸等，然后再完成消化和吸收等过程。这些过程所引起的额外能量消耗就是食物热效应（thermic effect of food，TEF），又称食物的特殊动力作用（special dynamic action，SDA），或者膳食生热作用（diet induced thermogenesis，DIT）[2]。细心的人会发现，吃完饭后会有发热的感觉，这就是食物热效应的外在表现：食物热效应通常表现为人体散热的增加，一般在人们进食 1 个小时左右产生，大约 3 个小时后达到最高峰[3]。

根据"负能量食物"的定义，要判定一种食物是不是负能量食物，就要看它的食物热效应究竟有多大，会不会大于它本身所能提供的能量。但检索后会发现，几乎没有任何关于"负能量食物"的学术文章，"负能量食物"的说法更多的只是出现在网络论坛、商业网站或者博客上，只有一本正式出版的书提到过"负能量食物"[4]，但该书的观点也受到很多质疑和批评。

不同的食物成分，食物热效应也有一些差异。在三大供能物质中，蛋白质的食物热效应最大，相当于其本身能量的 30%，碳水化合物的食物热效应为 5%～6%，脂肪的食物热效应最低，为 4%～5%。对于一般混合食物来说，食物热效应大约占食物所含能量的 10%[5]，也就是说，每吃 2000 千卡能量食物，大约需要消耗 200 千卡能量来消化食物。所以，食物的热效应一般在 10% 左右，最多也不过 30%，所以说"负能量食物"并不存在。至少，目前没有发现。

食物究竟有多少能量？

虽说食物热效应并不会大于自身所含的能量，但是，食物究竟有多少能量，营养学家们还是有一些争论。评估食物究竟有多少卡路里能量的方法最早由威尔伯·阿特沃特

（Wilbur Atwater）创立于 19 世纪至 20 世纪。这是一种简易的评价方法，它将 1 克蛋白质的能量视为 4 千卡，1 克脂肪的能量视为 9 千卡，而 1 克碳水化合物的能量视为 4 千卡，后人又在他的基础上做了修改，补充了 1 克膳食纤维等于 2 千卡。长期以来，营养学家们都是根据这个方法来计算食物能量的。

2013 年，《科学》杂志发文提醒我们，现在计算食物能量的方法可能并不准确[6]。在这篇文章中，哈佛大学的研究人员认为，食物的能量值并不全是简单的数字相加，目前评估食物能量值的方法可能存在错误。因为，有些因素会影响食物对人体实际产生的能量影响。如食物的加工方式会改变食物消化所消耗的能量，导致我们吃进去食物对人们产生的能量效果是不一样的。以富含抗性淀粉的谷物颗粒为例，如大麦或大豆，这类食物需要很长时间来消化，但是，如果将同样颗粒的谷物碾碎成粉末、加工成早餐谷物或者即食麦片，就会变得更容易消化，也很容易多吃，所产生的能量效果就不一样，进而可能增加肥胖的风险。

这提醒我们，食物消化代谢的差异跟肥胖存在相关性[7]。有些食物经过加工后变得更容易消化和吸收，所含能量又高，吃起来也很快，如果不小心吃多了，肥胖的风险会比较大，比如白面面包、香酥饼干、蛋糕之类，这类食物尽量要少吃；有些食物本身能量低，需要更多的咀嚼，又不是很容易消化和吸收，即使多吃一点，长胖的风险也比较小，比如芹菜、苹果之类，但并不等于说消耗这些食物所需能量大于它们所能提供的能量，也不可能靠吃这些食物来达到消耗能量的目的。

结论：谣言破解。从目前的研究证据来看，并不存在"负能量食物"，那些打着"负能量食物"旗号的减肥产品大多是在炒作概念。想要减肥，还是得从控制能量摄入、增加能量消耗做起。

参考资料：

[1]Science Illustrated. 25 Negative Calorie Foods.

[2]Gianni Tomassi，Nicolò Merendino. Diet-Induced Thermogenesis. Cachexia and Wasting：A Modern Approach. 2006.

[3]M D McCue. Specific dynamic action：A century of investigation. Comparative Biochemistry and Physiology，2006.

[4]Neal D Barnard. Foods that Cause You to Lose Weight：the Negative Calorie Effect. Harper，1999.

[5]范志红. 食物配餐与营养. 中国农业大学出版社，2010.

[6]Ann Gibbons. Have We Been Miscounting Calories? Science，2013.（中文版：食品与营养信息交流中心. 计算食物能量的方法错了吗?）

[7]Lilian de Jonge，George A Bray. The Thermic Effect of Food and Obesity：A Critical Review. Obes Res，1997.

家用臭氧机能去除肉中的激素和添加剂吗？

冷月如霜

流言：随着人们对品质生活的追求，家用臭氧机逐渐开始进入人们的生活。在一些产品广告中，"杀菌、净化空气、净化水质、消除农药、去除肉中的激素"等多种功能被反复提及，其中最受人追捧的是去除肉中的激素和添加剂：把肉放入臭氧机中后，能看见大量的泡沫产生，用打火机烧后会变黑。此项功能因为极具可视性，加上人们对于食品安全有追求，从而备受推崇。

真相

家用臭氧机在营销中很重要一个部分就是，将肉或菜放在水中，通上臭氧，半小时后出现了泡沫，泡沫很黏稠，烧了会发黑并会释放出一些难闻的气味。广告或者营销人员此时会告诉你，这些泡沫或是激素或是抗生素或是化肥或是农药，去除了这些泡沫就去除了这些成分，就可以放心食用了。

泡沫是怎么形成的？

泡沫中是否含有激素或添加剂不好说，但仅凭其形成与否就判断肉类中是否含有这些成分显然是不够的。为什么呢？我们知道肉类中的主要营养成分是蛋白质和脂肪，而这些成分却是极易在水中形成泡沫的——组成蛋白质的基本成分氨基酸本身有容易结合水的一类与不容易结合水的一类（一方面排斥与水的结合，另一方面却容易与脂类结合），一些组成脂肪的分子也具有一端亲水、一端疏水的性质[1]。

由于一般肉类并未经过无菌化的处理，即便是在正常的保存环境下，附着在肉类上的微生物也会慢慢地分解这些蛋白质与脂肪，并把小分子氨基酸和脂类释放到水中。往水里打入气体之后，这些小分子就会聚集在泡沫表面，起到稳定泡沫的作用（与之类似的还有冲洗刚吃完冰激凌或牛奶的杯子，也很容易起泡）。此外，无论是氨基酸还是脂类，它们的分子结构中都含有碳原子，而碳原子不完全燃烧后会留下黑色的残余，或许这就是流言中提到的黑色物质。

事实上，哪怕是用空气通入水中或者用自家养殖的禽畜肉通上臭氧，也可以达到产生一堆泡泡的效果。

作用非常有限

让臭氧去除激素和添加剂，这实在有点勉为其难。臭氧与我们呼吸的氧气相比，多了一个氧原子，但就是这个氧原子使得臭氧的结构变得不稳定，让它具有很强的氧化性，能够在细胞表面打上一个小洞，让细胞破裂，这也就是臭氧能够杀菌的主要原理[2]。所以对于生吃的蔬果，杀菌还是有一定意义的。

而我们所说的激素，根据其溶解性又往往可以分为两大类——水溶性和脂溶性。水溶性的激素（比如说胰岛素）主要作用于细胞的表面，经过水的浸泡就会逐渐流失，有无臭氧的帮助都没有太大的区别；而脂溶性的激素（比如说大家很关心的避孕药成分——孕激素）则能够通过细胞膜进入细胞内。从理论上说，使用臭氧使细胞发生破裂确实可以把这些激素从肉类里赶走，但别忘了，一块肉可能有几千层的细胞，而臭氧只能破坏肉类表面的几层细胞。如果较真起来，通过注入臭氧能够减少的脂溶性激素恐怕只是九牛一毛。

一些风险

浙江省疾病预防控制中心的一项研究表明，在杀菌的同时，臭氧会让水中的亚硝酸盐含量超标[3]。由于亚硝酸盐含有较高的毒性，在高温烹煮后还有产生致癌物质的可能。此外，能够使细胞破裂的臭氧在达到一定浓度时对人体也会有影响。世界卫生组织在 2005 年颁布的臭氧标准是每 8 小时的平均浓度不高于每立方米 100 微克[4]，而某购物网站上的一些"正品臭氧机"的"活氧发生量"号称能达到每小时 400 毫克（100 微克的 4000 倍）。倘若用户的住房面积较小，环境较为封闭，在长时间的使用后，难免会有健康上的隐患。

其实家用臭氧机的最大应用并不在蔬菜水果或者肉类的处理上，而是用于海水水族箱的清洁。在美国家电市场上，有一种叫做 protein skimmer 的装置有着类似的原理[5]。这种装置通过产生大量小尺寸泡沫，能使水中的氨基酸或脂类附着在泡沫上，在一定意义上起到净化水体的作用。从这个角度来看，对这个装置最感兴趣的，恐怕还是那些饲养观赏鱼的用户吧。

结论：流言破解。食物本身含有多少激素与添加剂不在本文的讨论范畴内，不过，对食物进行臭氧处理很难说有多少明显的好处，反倒还有不少潜在的健康隐患。此外，与其说这个装置有去除激素和添加剂的作用，不如说这个装置具有去除一些游离的氨基酸与脂类的功能更为贴切吧。

参考资料：

[1]Bruce Alberts，et al. Molecular Biology of the Cell，Garland Science，2008.

[2]How does ozone kill bacteria?

[3]魏兰芬，许激，等. 水中臭氧杀菌效果及产生亚硝酸盐量的检测. 中国消毒学杂志，2002.

[4]WHO. Air quality guidelines for particulate matter，ozone，nitrogen dioxide and sulfur dioxide，Global update 2005.

[5]维基百科：Protein skimmer.

雪碧真的能解酒吗？

S. 西尔维希耶

流言：来自中山大学李华斌教授团队的研究成果显示，雪碧有助于缓解宿醉。

真相

以上流言很容易由"雪碧"和"宿醉"作为组合关键词检索出，如果你把"雪碧"和"胃穿孔"作为关键词搜索一下，那么你也会得到超过 20000 条的结果，而这些内容，均指向一名 33 岁的周先生为了解酒喝雪碧，最后不幸胃部穿孔的新闻[1]。

溯源

让我们回到这一传闻的源头，看看来自广州中山大学李华斌教授团队的这篇文章[2]。

李华斌教授的文章发表在《食品与功能》期刊上。该期刊由英国皇家化学会主办，创刊于 2010 年。2011 年被美国科学引文索引（Science Citation Index，SCI）及美国全科医学文献光盘数据库（MEDLARS Online，MEDLINE）收录。该刊目前影响因子为 2.694，主要刊载内容包括：食品物理结构与特性、食品成分化学、生物化学与生理功能、食品营养与健康。

文章中，李华斌教授团队研究中使用了在人体酒精代谢途径中十分关键的两种酶：乙醇脱氢酶（ADH）和乙醛脱氢酶（ALDH）。团队在设计体外实验测量这两种酶活性的同时，在反应体系中加入不同的常见饮料，测定这些饮料对于这两种酶活性的影响。最终文章的数据显示，在反应体系中加入雪碧能够显著地提高这两种酶的活性，进而推测雪碧可能具有缓解宿醉的效果。

即使忽略这篇文章中对饮料名称称不上严谨的奇怪翻译（可口可乐翻译成了 ke kou ke le，雪碧则是 xue bi），以及让人不知道出于哪个公司之手的饮料（酸梅汤翻译成了 suan mei tang，癍痧为 ban sha，火麻仁为 huo ma ren），还有其他一些错别字，这篇文章所得出的结论，依然离证明"雪碧能够解宿醉"命题有很长一段距离。

对于这一点，李教授作为文章的通讯作者，认识得非常透彻[3]。在接受果壳网采访时，李教授也强调："这只是一个初步的研究结果。具体起作用的成分及机理需要进一步的研究。"因此，雪碧是否能够解酒还远不是一个能够下定论的事情。

李教授对果壳网说："我们的研究结果只是提示，雪碧和苏打水可能具有解酒效果，茶类、凉茶类饮料在体外研究中会削弱 ALDH 的酶活性，但均需要进一步的动物和人体实验证实。"

在生物学研究中，"体外"（in vitro）和"体内"（in vivo）是差异巨大的概念。体外实验与体内实验的结果可能相去甚远。人体内的酒精代谢主要在肝脏进行，我们喝下去的饮料在代谢过程中会对肝部造成怎样的影响，是非常难以预测的事情。

借鉴

那么，究竟是否可以通过实验的方法预测不同因素对宿醉的作用？韩国和美国的研究团队分别用不同的实验方法，给出了肯定的答案。

研究人员希望能够通过实验探究韩国梨汁（Korean pear juice）对于宿醉的缓解作用[4]。最终有 14 名受试者参与了这一实验。在接受实验之前，研究人员通过问卷调查的方式来询问受试者的"酒量"，并根据这一数据设计接下来的实验。受试者被分成对照组和实验组，实验组的受试者服用的是韩国梨汁，而对照组服用的则是加入了人工梨味香精的饮料。30 分钟后，两组受试者服用能够引起"宿醉"的烧酒（soju）。在这之后的 0、0.25、0.5、1、2、4、6、15 小时分别对其血液和尿液中不同物质的浓度进行测量。

受试者接受测量的指标包括血液中乙醇和乙醛的浓度，

以及尿液中丙二醛（MDA）的浓度。MDA被视作酒精引起的氧化物压力的生物标志，这一产物的积累会造成神经系统的损伤。为了保证实验的严谨性，研究人员还对参与者进行了线粒体乙醛脱氢酶ALDH2酶分型的测定。

实验结果显示，相对于对照组，服用韩国梨汁的受试者宿醉状况能够得到更为有效的缓解。在实际测量中，血液中乙醛和乙醇的浓度显著低于对照组。然而服用这一饮料并未使得MDA的浓度有所下降。这也意味着韩国梨汁可能对于MDA的清除没有作用。研究人员同时发现，对于乙醛脱氢酶的基因型为ALDH2*1/*1或ALDH2*1/*2的受试者，韩国梨汁可以更为显著地降低他们血液中乙醛和乙醇的含量。

来自美国的研究团队则旨在探究咖啡因是否会对啤酒引起的宿醉产生作用[5]。这一研究招募了数量更多的参与者，通过对被试者睡眠质量的调查，判断咖啡因的加入是否会造成影响。在实验中，受试者的平均入睡时间、睡眠时间、平均睡眠质量以及宿醉发生的概率都成为调查的对象。但遗憾的是，在一系列的调查中，咖啡因似乎仅仅在"睡眠质量"一项起到了作用。相对于对照组，更多饮用含有咖啡因啤酒的受试者在接受问卷调查时，汇报说自己的"睡眠质量"更好。

结论：流言部分破解。在药物或饮品影响宿醉的相关研究中，目前似乎还没有一个统一且标准的研究方法。但不管怎样，体外活性的实验都不能成为直接证据。李华斌教授的研究团队取得了可喜进展，为后续研究提供了富有参考价值的信息，但还需要更多的时间来验证这一结论的可靠性。

科研人员也许比较清楚研究的实际意义，而媒体对于科学结论的解读却常常会进行夸大。在需要博关注博眼球的时下，这大概也是无奈的生存之举。然而，关乎健康，这种夸大可能会造成严重的、意想不到的后果。对于老百姓而言，不管解酒药物发展到什么程度，过量饮酒终归是对身体有害的。与其事后喝药治疗或忍受宿醉，不如量力而为，尽兴就好——毕竟，身体才是革命的本钱啊。

参考资料：

[1]武叶. 雪碧加酒喝出胃穿孔. 解放日报，2013.

[2]Li S，Gan L，Li S，et al. Effects of herbal infusions，tea and carbonated beverages on alcohol dehydrogenase and aldehyde dehydrogenase activity. Food & Funct. 2013，online. DOI：10.1039/C3FO60282F.

[3]高远. 雪碧解酒最佳？仅仅是可能. 南方都市报，2013.

[4]Lee H S，Isse T，Kawamoto T，et al. Effect of Korean pear (Pyruspyrifolia cv. Shingo) juice on hangover severity following alcohol consumption. Food Chem Toxicol，2013.

[5]Rohsenow D J，Howland J，Alvarez L，et al. Effects of caffeinated vs. non-caffeinated alcoholic beverage on next-day hangover incidence and severity，perceived sleep quality，and alertness. Addict Behav，2013.

斑点脱落就是假鹌鹑蛋吗？

暗号

流言：据《南方都市报》9月6日消息，"广东顺德的张女士买了一盒鹌鹑蛋，回家清洗时竟然发现蛋壳上斑点可以洗掉，怀疑买到假蛋。记者实验发现，用手指甲就可将斑纹基本刮完，蛋全部变成米白色。业内称，这些都是假蛋，真鹌鹑蛋上的斑点和人的胎记一样，是洗不掉的。"[1]

❧ 真相 ❧

蛋壳会掉色吗？这要从1944年说起，一位名叫斯蒂格达（Steggerda）的学者在擦拭一种"罗岛红母鸡"的褐壳鸡蛋时，发现蛋壳上的色素可以擦掉。他擦得越卖力，脱落就越厉害，最后除了那些很光滑的鸡蛋，他把它们都擦成了白壳。[2]

蛋壳斑纹本身就是"染色"

蛋壳的形成源于子宫内的碳酸钙沉积，包被着卵清卵黄的内蛋壳膜上首先出现微小的钙沉积小点，然后逐渐堆积成完整的蛋壳。除了常见的白色蛋壳，不同禽类的子宫上皮还能分泌卵卟啉等色素，形成均匀的蓝、绿、褐等蛋壳底色。而蛋壳表面的斑点则是输卵管壁分泌的色素在碳酸钙上的沉积。当蛋沿着输卵管缓缓而下时，色素附着在蛋壳上形成斑点；如果蛋在输卵管内旋转，色素则会在蛋的表面拖动出条纹。

因此，斑纹"相当于人皮肤上的胎记，不可能洗掉"的比喻并不恰当。胎记是皮肤本身色素或血管异常的产物，与皮肤浑然一体；而这些斑点却并非形成蛋壳时便存在，是之后才附着上的。这种斑纹就好像给蛋披上了一层迷彩服，使其更好地隐藏在周围环境中，以躲过天敌或窃食者的眼睛。有些鸟类喜欢把蛋下到其他鸟的巢里"代孵"，它们甚至能够模仿被侵占者的蛋壳纹路[3]。也有英国学者认为构成斑纹的主要成分卟啉素有加固蛋壳的作用[4]。

蛋壳的颜色和斑纹除了受基因控制外，和母禽本身的生理状况也息息相关。比如饲料中起着色作用的物质含量高低、母体是否受到惊吓产生"应激"、是否罹患疾病导致输卵管着色功能受损、是否使用某种化学药物干扰卵卟啉形成，都会影响蛋的底色和斑纹。如果蛋壳的斑纹容易洗掉，说明色素和碳酸钙以及蛋外壳膜的附着不够牢固。其原因可能是专家猜想的"蛋很新鲜"，也有可能是鹌鹑的饲料中缺少一些矿质元素或维生素。在媒体的跟进报道中，也有记者发现在其他地方购买的鹌鹑蛋经过同样的处理后一样会掉色。[5]

仍未发现以假乱真的鹌鹑蛋

前些年有闹得沸沸扬扬的"假鸡蛋"事件，其实那种假鸡蛋完全没有达到以假乱真的程度，只要购买者多看两眼，就肯定能看出它的斧凿痕迹。它的出现完全是为了骗取想以此致富之人的学习费，是个贻笑大方的骗局[6]。鹌鹑蛋造假的难度则更高，个头小不说，还得在上面做出花纹。以前曾有报道，有顾客吃到做得像橡皮球一样难吃的"假鹌鹑蛋"，后来被证明只是冷冻过久导致蛋清脱水、变性[7]。

那么有没有可能是用其他禽蛋染色做成的呢？要找蛋体型较小、底色为白色的蛋，具备这些条件的，数来数去就只有鸽子了。而鸽子蛋的价格比鹌鹑蛋还要贵，反过来可是亏本。有新闻就报道过不法商人将鹌鹑蛋的斑纹用醋、香蕉水等洗剂清洗掉，冒充鸽子蛋卖[8]。用醋洗是为了将蛋壳洗得更白净，而在这一则报道中购买者只是用清水就洗掉了鹌鹑蛋斑点。退一万步说，有的地区鸽子蛋就是便宜，有人拿来喷洒上"麻子脸"当鹌鹑蛋卖，该怎么办呢？很简单，鸽子蛋煮熟后，蛋清晶莹剔透，鹌鹑蛋则呈现乳白色，就像是鸡蛋的缩小版，还是很容易分清的。

结论：鹌鹑蛋被洗白是擦掉了它表面的色素，并不能以此来判断鹌鹑蛋的真假。"假鸡蛋"传闻早就被证实只是为了骗取培训费，还没有能以假乱真的人造蛋。应注意，洗过的蛋表面保护层被破坏，要抓紧吃掉以防变质啊。

参考资料：

[1] 鹌鹑蛋"洗白白"，你敢吃吗亲?

[2] Steggerda M，Hollander W F. Observations on certain shell variations of hen's eggs. Poultry Sci，1944.

[3] 王晓通，娄义洲. 蛋壳的颜色和斑纹. 中国家禽，2004.

[4] Why Are Birds' Eggs Speckled?

[5] 别处买来的蛋也掉色.

[6] 焦点访谈：假蛋真相.

[7] 鹌鹑蛋竟跟橡皮球一样? 原是冷冻时间过长导致.

[8] 香蕉水浸泡，鹌鹑蛋"变"鸽子蛋.

第四章

轻松看待工业化

麦当劳虐鸡门：断喙是虐鸡吗？

暗号

流言：网上曾流传过"麦当劳虐鸡"的视频。从画面中可以看到，美国一家为麦当劳供应鸡产品的农场会用机器烧掉鸡的嘴。不少人觉得，这种"残忍"的做法是工作人员在虐待鸡。

真相

首先说明一下，本文仅针对"农场为何要给鸡断喙"进行分析，并不涉及"麦当劳虐鸡视频"中的其他诸多内容。据悉，麦当劳已经停止了与这家被曝光农场的合作。

对于不了解养殖作业的人，看到雏鸡被烧断喙部的视频，很容易产生"员工是在虐待动物"的想法。其实，在绝大多数养殖场，对规模化养殖的商品肉鸡、蛋鸡普遍有着割断喙部的处理，称为"断喙"（beak-trimming）。断喙是现代养殖场中一种通行的管理手段，它的主要目的是为了防止鸡互相啄咬，降低鸡死亡和疾病传染的风险。

天性使然，缴械为安

鸡是一种凶猛的动物。古语云，鸡有"五德"，其中的"足搏距者，武也；敌在前敢斗者，勇也"，就是描述鸡有勇武之性。鸡和鸡之间相互乱啄是家常便饭，它们经常不由自主地去啄伙伴的冠、羽毛和肛门。无论是在什么饲养环境下，啄斗都会发生，成为习惯后就叫做"啄癖"。而在现代规模化养鸡场内，鸡群的密度比较大，行动不便，你拥我挤之下互相叼啄就会更加频繁。当然，其他一些原因也会引起鸡的啄癖，比如养殖场内光照太强，鸡舍通风不好，体内缺乏含硫氨基酸或某些微量元素等。

鸡群在发育过程中还会通过捉对啄斗建立一定的"啄序"，定下地位尊卑。如果强行干扰这一序列的建立，比如移入移出鸡，鸡群则会为了建立新的序列而加剧啄斗，甚至引发"啄序紊乱"（pecking disorder），要洗牌重新选老大，那时又会是一场血雨腥风。

总之，鸡互相啄斗的行为是很难完全消除的。在鸡群中，啄斗轻则造成流血伤残、传染疾病，严重的甚至有鸡被啄得肚穿肠流，惨不忍睹；蛋鸡还可能因为对破蛋的腥味感兴趣而去啄食完好的蛋，以致群鸡争食。如果能及早断喙，将它的尖喙切短变钝，就可以在最大程度上避免鸡群内部因啄斗带来的伤害。另外，鸡喙的钩状尖端在做出啄食动作时容易将饲料勾甩、泼撒出食槽，而它们在啄食饲料时也喜欢用喙尖将不爱吃的部分剔除，这就必然会引起饲料浪费和营养摄入不均衡，在采食粉状饲料时尤为严重，这些也都可以通过断喙来尽量避免。

规范操作，减小伤害

断喙并非规模化养殖的原创。在 20 世纪 30 年代的中国北方农村，就出现过用剪刀剪掉鸡喙的钩状尖端的操作，而现在普遍使用的电热式断喙刀起源于 20 世纪 40 年代的美国。操作时，将刀片加热至樱桃红色，手握雏鸡将它的喙按到刀片上，用滚烫的刀片烧掉它上喙的 1/2，下喙的 1/3，封闭其生长点，同时通过按压烧烙起到止血、整形的作用。

可见，断喙其实是件非常严谨的工作，断喙不当会引起鸡喙畸形，造成鸡因采食困难而营养不良甚至死亡。准确、熟练的断喙手法会使鸡的喙部在日后生长得整齐圆润，不再长出新的尖喙。断喙的时机也很重要，一般要在幼鸡 6～9 日龄内进行，这时小鸡初步适应了鸡场的养殖环境，而喙又没有完全硬化，正适合断喙，对鸡的影响也较小。

消费需求与动物福利间的权衡

与鸡类似，一些商品猪在呱呱坠地之时也会被剪牙、断尾，为的是防止它们日后互相撕咬耳朵、尾巴，或者伤害猪妈妈的乳头。北魏《齐民要术》中也提到对仔猪进行"三日后掐尾"的操作。

当然，对于动物来说，断喙、断尾等操作都是一种较大的刺激，术后一段时间内要承受肉体上的痛苦和精神压力；

也存在一定的风险——如果断喙后管理不仔细，可能会引起伤口不易愈合、感染，或因疼痛而无法采食，最终使鸡患病或死亡。因此，是否应该断喙、断尾，是动物福利研究中一个争议很大的问题。

如今，进行这些操作的工具在逐渐进步，比如一些国家规定断喙需用不流血的红外设备，以减轻动物的皮肉之苦。此外，有条件的饲养场也在通过改善动物的生存环境来减少动物的互斗，比如增加动物的自由活动范围（如果给猪足够的场地，并且悬挂铁链、玩具球等福利器材，基本可以杜绝它们相互撕咬的情形），或者干脆采取放养的方式饲喂。但这些措施必然会使肉、蛋产品的价格成倍增长，这显然与当今人类越来越大的动物产品需求相违背。

结论：规模化的断喙是一种较常规的养殖措施，并不是故意虐待动物。如何既顾及动物福利又能满足人类需要，目前的解决方案也只能是尽量权衡。

参考资料：

[1]王文建，杨莉. 中国禽业发展大会暨中国畜牧业协会禽业分会第二届会员代表大会论文集，2007 年.

[2]A G Fahey，R M Marchant-Forde，H W Cheng. Relationship Between Body Weight and Beak Characteristics in One-Day-Old White Leghorn Chicks：Its Implications for Beak Trimming.

Poultry Science，2007.

[3]罗吉田，朱国法.父母代肉种鸡生产与断喙.浙江畜牧兽医，2001.

[4]Heleen A van de Weerd，刘向萍.钝化技术：断喙的替代方法.中国家禽，2006.

"假鸡蛋"真是假的吗？

暗号

流言："假鸡蛋"新闻在近几年可谓层出不穷，但令人疑惑的是，综观这些报道总是没法给假鸡蛋勾勒出一个清晰统一的轮廓。这些事例中，鸡蛋有变成橡胶状的，有可以冻成冰的，有怎么煮都不能成形的，有打开就发现蛋黄蛋清混在一起的，还有前文提到的花纹一洗就掉的鹌鹑蛋……大家都怀疑自己买到的这种非正常蛋就是假鸡蛋。

真相

尽管"手把手教你如何制作假鸡蛋"的资料在网上一搜就是一大把，内容上也都是大同小异、如出一辙，但实际操作起来，网友却发现困难重重。鸡蛋虽小，结构却非常精巧，特别是蛋壳这部分结构，网上流传的方法在质地、外观、模具接合处或是注射内容物处都会留下痕迹。要想做出以假乱真的鸡蛋，还要保证成本低廉，让伪造者有利可图，并非易事。而央视记者的秘密调查则揭示，这些宣称掌握"以假乱真"的制作技术的广告，其实是为了骗取求学者的学费[1]。

那这些与真鸡蛋差别甚远的异常蛋又是怎么回事呢？别

说，它们还真的有可能是母鸡亲自生出来的。采用的饲料和养殖管理方式不同，产下的鸡蛋就会有所差异，比如饲料钙质不足会引起薄壳蛋、软壳蛋；因受惊或炎症引起输卵管变形，则会产生一些奇形怪状的蛋。另外，如果鸡蛋的运输储存不当，比如路途颠簸、温度苛刻、放置过久等，都会导致其内部结构遭到破坏，生理生化特征发生变化，产生一些"异形蛋"。

异形1：橡皮蛋

在诸多"假鸡蛋"报道中，最常出现的就是质地像橡胶、弹性异常大的"橡皮蛋"。不过，这样的奇异特性并不是它作为假鸡蛋的明证。蛋鸡饲料中含有过多的棉籽饼/粕就可能造就这样的异常鸡蛋。

棉籽饼/粕是棉籽榨油后剩下的固体残渣，用压榨法榨油得到的是棉籽饼，用浸提法得到的则是棉籽粕。棉籽饼/粕的蛋白质含量很高，是畜牧业的饲料来源之一。但它的氨基酸配比并不均衡，同时又含有一些"抗营养因子"，只能作为对玉米、豆粕等常规饲料原料的补充。

如果棉籽饼/粕饲喂用量过高或者未经脱毒处理就使用，会使畜禽中毒。此外，其中的游离棉酚、环丙烯脂肪酸等成分能与色素结合，使蛋清、蛋黄变色，并将蛋黄中的脂肪转化为硬脂酸而使蛋黄呈橡胶状，以前就有类似的案例和实验[2][3]。甚至，测定它们的蛋白质、脂肪等营养物质含量，会出现符合国家标准的结果[4]，造假者是不会花费功夫用蛋白质、脂肪原料去模仿那些营养含量的。

另外，长期放置或者饲料中重金属含量过高也有可能使鸡蛋变成橡胶状而不堪食用。

异形 2：变形蛋

有些鸡蛋从外表看上去就比较"歪瓜裂枣"：它们可能呈现过圆、过长、过扁、过尖等奇形怪状。这并不是做蛋壳的硅胶模具变形了，而有可能是输卵管发生形变（比如应激收缩、感染炎症等）挤压鸡蛋所致。

异形 3：蛋包蛋

还有的鸡蛋会出现"蛋包蛋"现象，有两层蛋壳。这是由输卵管出现逆向蠕动，让刚形成的鸡蛋又"回炉包装"了一次。

异形 4：无黄蛋

至于烧烤摊上出现的"无黄蛋"，母鸡也有本事生出来——那是因为它的产卵构造误将大块蛋白当作蛋黄包裹了起来。这种蛋一般体型较小，因此更可能作为淘汰品流入不正规摊位。

异形 5：蛋坚强

有些鸡蛋蛋壳内膜厚且发白，容易剥离。蛋壳内膜是由糖蛋白及复杂多糖构成的纤维状膜，在中药中称为"凤凰衣"，久放就会失去生物活性，变得像纸一样，煮过的蛋会更明显。如果壳膜过厚，则有可能是膜形成后又退回上一步多"刷"了一层，与"双壳蛋"原理类似。

异形 6：蛋无界

正常的蛋黄外面包裹着一层蛋黄膜，它可以隔绝蛋白，维持蛋黄的球状。鸡蛋受到剧烈颠簸，或者放置过久，蛋黄膜就可能失去弹性、破裂，导致蛋白蛋黄混在一起，形成散黄蛋。另外，细菌侵入鸡蛋，破坏蛋白质结构及蛋黄膜结构，也会引起散黄。

异形 7：贴壳蛋

鸡蛋的一个神奇之处在于它的蛋黄总能保持在蛋白的中心而不因重力的作用在蛋内上浮（蛋黄含大量脂肪以致密度较小）。这来自于输卵管通过扭转蛋黄，将它两端的浓蛋白扭成了两条系带而形成的固定作用。假鸡蛋难以做出这种系带。但真鸡蛋久置后，蛋白系带也会慢慢失效造成蛋黄上浮贴壳。这可以作为鸡蛋新鲜与否的参考指标。

总的来说，如果买到了异常的鸡蛋，确实需要慎重食用，因为它们可能暗示着母鸡的生理机能出现异常。但这种情况属于厂家和销售者的品质检查不过关，要和涉及造假的假鸡蛋区别开。

参考资料：

[1]焦点访谈：假蛋真相.

[2]黄伟坤，陈锡新.关于白壳鲜鸡蛋蛋黄变色与棉酚含量的试验报告.上海畜牧兽医通讯，1984.

[3]杨茹洁.可消化 AA 平衡的高棉粕饲粮对蛋鸡的生产性能、健康状况及蛋品质的影响.山西农业大学硕士论文，2003.

[4]长沙问题鸡蛋熟后蛋黄可当球抛，工商检验称合格.

"麻醉鱼"是怎么回事？

暗号

流言："爱吃鱼的朋友都知道，海鱼的味道鲜美，但鲜活的海鱼价格都比较高，很多海鱼会在运输过程中死亡。商家为了提高海鱼的存活率，使用一种补牙用的安抚、镇痛药'丁香油水门汀'，这引起了消费者的质疑。"

真相

按照常理，鱼是越好动越暗示着它的新鲜，为什么还要对它进行麻醉呢？而更让消费者疑惑的是，被麻醉的鱼还能吃吗？会对人体产生危害吗？

鱼类麻醉：一梦过平川

鱼儿被打捞后，要进行长途运输才能供应到广大内陆。由于离开了自然水体被放进狭小的水箱，又加上颠簸、称重、销售等折腾，它们会产生应激症状，加速死亡。一些习性较为活泼的鱼还会冲撞水箱、与同类拥挤，造成伤亡和表面残损，并消耗大量氧气，引起整箱鱼的缺氧。

为了减少这种情况的发生，除了施以低温、增氧等手段，人们还可以对鱼进行麻醉，目的是降低对外界的感知能力，抑制应激，降低新陈代谢，使它们平静地度过长途运输。

使用化学麻醉增加鱼类成活率的方法在国内外已有至少数十年的历史。鱼通过鳃丝摄入化学麻醉药后，进入深度镇静，呼吸平缓，鳃盖振动减慢。一段时间后，药效消失，它们就会重新复苏。目前已经开发的鱼类麻醉剂有 MS-222、硫酸喹哪啶、丁香酚、2-苯氧乙醇等近 30 种[2]，其中应用最广泛的是 MS-222（烷基磺酸盐同位氨基苯甲酸乙酯，俗名"鱼安定"），在美国、加拿大、欧盟等许多国家和地区都允许使用。而新闻中的主角，丁香油水门汀，则是上述另一种鱼类麻醉剂"丁香酚"的一种药用制剂。

"丁香油水门汀"是什么？

它是一种牙科材料，由粉剂（氧化锌粉＋松香粉）和油剂（丁香油和橄榄油）组成，使用之际临时混合。丁香油在其中主要发挥镇痛作用。报道里提到水产商用丁香油水门汀给鱼麻醉，应该只是使用了其中的油剂。

丁香油是从桃金娘科植物丁香（Syzygium aromaticum）中提取得到的挥发油。除了在牙科上的运用，它还可以作为香料和防腐剂，直接加入到香肠、糕点等食品中。有报道称药瓶中有浓烈的松香气味[3]，其实松香不会出现在"丁香油水门汀"的油剂中，那气味更可能是丁香油特有的气味。

而作为水产麻醉剂，它的有效成分是丁香酚。研究表明，丁香酚除了麻醉效果不输 MS-222 之外，也更易于从生物体内排出，且气味较好，成本较低。在鲤鱼、大黄鱼等鱼类身上的实验发现，它的半数致死浓度比 MS-222 要高，也就是说，它甚至比美国食品药品监督管理局（FDA）批准使用的麻醉剂 MS-222 更安全[4][5]。

日本、新西兰、澳大利亚、智利等国家都明确允许使用丁香油作为水产麻醉剂，它在水中直接投放量通常在每升 10～100 毫克之间[6]。

监管缺失是问题所在

虽然是一种常用的水产麻醉剂，但对于丁香油的使用，世界各地的做法并不统一，例如美国并没有批准丁香油作为水产麻醉剂使用，但允许其作为食品添加剂在食品中直接添加；新西兰、澳大利亚、芬兰等国家则认为它没有残留期，是合法的水产麻醉剂。不过，最完善的做法是通过研究规定一定的休药期，限制残留量，禁止重复麻醉。例如，细致的日本人就在农产品"肯定列表制度"中对各种鱼类的丁香酚残留量制定了详细的标准，这是值得我们学习借鉴的。

中国在鱼类麻醉药的使用制度上还处于缺失状态，缺乏相关的法规来规范和管理。丁香油若用量过大，会使鱼深度麻醉，甚至死亡，使水产商亏本，所以过量使用的问题并不大会出现。但是，涉及食品安全的问题，毕竟不能只依靠生产者自律，如何保证水产麻醉剂不会被过量、频繁使用，监管部门必须负起责任。

结论：对鱼类进行麻醉在世界范围内都有应用，是为了保证鱼类经过运输后仍然鲜活。而丁香油在许多国家都是可以合法使用的安全的水产麻醉剂。然而，中国缺乏水产麻醉相关的法规。对鱼贩是否会过量、频繁地使用水产麻醉剂，确实需要进一步制定标准和加强监管。

参考资料：

[1]北京最大海鲜市场被爆用麻醉药喂海鱼，商家称这是常态.

[2]孙远明. 鱼用麻醉剂安全性研究进展. 食品科学，2012.

[3]商贩为保证卖相使用药物麻醉活鱼运输.

[4]VELÍŠEK J，SVOBODOVÁZ，PIAČKOVÁV. Effects of clove oil anaesthesia on Rainbow Trout. ACTA VET. BRNO，2005.

[5]赵艳丽，杨先乐，黄艳平，等. 丁香酚对大黄鱼麻醉效果的研究. 水产科技情报，2002.

[6]Coyle S D，Durborow R M，Tidwell J H. Anestheties in Aquaeulture. SRAC Publication，2004.

茶叶中检出农药能说明什么？

青蛙陨石

流言：2012 年 4 月某环保组织发布了一个报告，称某品牌茶叶中含有剧毒农药，瞬间引起轩然大波。

✤ 真相 ✤

因为在一些基本问题上常常混淆是非，该组织的报告总会成为科普人士吐槽的极好材料。仔细翻检这一次的报道，情况又是如此。比如报告中有这样的文字："两次抽检的茶叶产品中只有一个样品的农药残留是一种，其他均能检测出多种农药残留，这说明茶叶种植过程中农药使用量之大[1]。"这样的描述显然混淆了农药的"品种数量"和"使用量"这两个层面的问题。

相关检出量并未超国标

从该报告的表格中可以看出，凡是中国有标准的农药种类，其残留量均未超标。公众也会注意到，表格中的相当部分农药，并没有国内的限量标准。相信这个时候很多人会问，中国的标准哪里去了？不得不承认，由于这些农药在国内的毒理学研究较少，故其标准尚未确定。那么在这种情况下，是否能用欧盟标准代替中国标准？

这个问题我先不回答，而是请大家看一组美国联邦农业服务局（FAS）全球农产品农药残留限量数据库提供的数据：棉籽中三氯杀螨醇的限值，美、欧、澳、日和南非都是每千克 0.1 毫克，巴西的要求则为更严格的每千克 0.01 毫克，但中、印、加并没有相关标准；而玉米中的灭多威，日本的标准（每千克 0.02 毫克）比美、澳的标准（每千克 0.1 毫克）更严格，但中、加、印等国和欧洲部分国家则没有标准。相信大家看了这些数据，就应该有所了解——由于人种、经济社会发展、环境状况等诸多因素的差异，世界各国的农药残留标准是不同的。而且，发达国家可以有不甚严格的标准，甚至没有标准，发展中国家也可以有苛刻的标准存在。总之，农药残留标准并不是越严格越好，而是适应所在国家的实际状况就好。所以，报告中提到 5 种农药超过欧盟标准也就变得毫无意义。顺便说一句，该组织的报告引用了一篇农药毒理学的论文，而这 5 种超标农药恰恰是该文献中认为对人体危害相对不大的农药[2]。

或许正是因为"超标"浓度不足以"惊人"，危害也不大，所以该组织只好拿一些毒性相对较大、但含量远远低于国家标准的检出农药吓唬人。比如，强调检出了已经被禁用了的三氯杀螨醇和硫丹。不过，仔细读一下报告就会发现，这些农药的检出量不仅都在国家标准之内，而且都非常低。

例如，有一个样品被检出硫丹的浓度为每千克 0.01 毫克，而中国和欧盟的标准分别达到了每千克 20 毫克和 30 毫克[1]（注意，欧盟比中国的限量还大），这种相差 3 个数量级的数据，怎么能说明硫丹对国人危害大？同样，报告中提到毒性很大的灭多威、三氯杀螨醇和氧乐果也都低于环境标准[1]。

禁用农药因何会被检出？

既然报道中提及的三氯杀螨醇和硫丹都是禁用农药，那么禁用农药又为什么会被检出呢？这是否意味着它们被违规使用了？

该组织报告中提到，三氯杀螨醇和硫丹都属于禁止用于茶树的农药。不过，作为"持久性有机污染物"（POPs），这两类农药本身就是难降解的，释放到环境中的这两类农药总量降解一半需要至少几年的时间，而要想全部降解，可能需要几十甚至几百年，所以环境中的残留是不可避免的。比如大家所熟知的 DDT，尽管已经禁用了三四十年，但在南极企鹅体内[3]和北极因纽特人的母乳中[4]依然可以检测到该物质的存在。2002 年在太湖的研究显示，大气中相对高浓度的三氯杀螨醇和硫丹主要来自中国南方地区（含华南和福建等地），说明这两种农药在南方都曾广泛使用过[5]；全国的土壤调查研究也发现，中国土壤中硫丹残留量的最高值出现在浙江和福建（这里恰好也是主要产茶区），达到干重每克土壤 19 纳克[6]。这些农药在南方高温环境下很容易挥发到大气中，而且，植物叶片表面具有一层疏水的蜡质层，这一层蜡质可以直接吸附大气中的农药[9]。所以，即使这些农药已经停止使用了，在茶叶中检出其存在也是完全有可能的。

也有人说，茶叶一般都是新叶，因此理论上茶叶应该很清洁，但这个观点我不赞同。树木产生新叶后，因为其蜡质上并不含有污染物，所以这个时候的叶片具有最大的吸附能力和最高的吸附速度，通常新叶萌发之后头一两周吸附的大气有机污染物的量就可以达到其吸附最大容量的40%[7]。所以，茶叶中含有农药并不是奇怪的事情，只要环境中有，茶叶中就会有。值得一提的是，这几种农药的检出量很低，恰恰可以说明茶叶中的农药并非直接施用的结果。

尽管中国有长期的农药使用史，部分农药的环境浓度也较世界其他地区更高，但依然处于痕量水平，在全国大部分地区尚不足以对人体健康产生危害。在此我想再多说一句，相比较而言，现在中国集中爆发的重金属污染事件危害更大，中国土壤和农作物中重金属超标的情况也屡有报道。所以，建议大家还是多关注重金属残留的问题，而不是纠结在农药残留上，这或许才是对自己健康更为负责任的做法。

吐槽：

通过该机构发布的报道，我不能确认他们是否真的检出了三氯杀螨醇。三氯杀螨醇的主要成分是 o,p'-DDT[9]。后面三个字母是不是看着特别眼熟？没错，就是环保人士常挂在嘴边的《寂静的春天》里说的"DDT"（滴滴涕）。只不过，《寂静的春天》成书那个年代作为农药使用的 DDT 是工业 DDT（technical DDT），其主要成分是 p,p'-DDT。因为 p,p'-DDT 难于降解，且具有长距离传输的能力，能够蓄积在动物体内[10]，所以在 20 世纪七八十年代就已经被世界主要国家禁用（印度 90 年代才禁用）。而其替代品就是三氯杀螨醇，因为 o,p'-DDT 相对容易降解。三氯杀螨醇直到 2009 年才正式进入《关于持久性有机污染物的斯德哥尔摩公约》的禁用名单。但是，报告中三氯杀螨醇标注的是"p,p"，这显示报告编写者可能不了解工业 DDT 和三氯杀螨醇的区别，其浓度值让我觉得很困惑。

参考资料：

［1］绿色和平组织. 绿色和平 2012 年"立顿"茶叶农药调查报告.

［2］Orton F，Rosivatz E，Scholze M，et al. Widely Used Pesticides with Previously Unknown Endocrine Activity Revealed as in Vitro Antiandrogens. Environmental Health Perspectives，2011.

［3］Geisz H N，Dickhut R M，Cochran M A，et al. Melting Glaciers：A Probable Source of DDT to the Antarctic Marine Ecosystem. Environmental Science & Technology，2008.

［4］Dewailly E，Ayotte P，Laliberte C，et al. Polychlorinated biphenyl（PCB）and dichlorodiphenyl dichloroethylene（DDE） concentrations in the breast milk of women in Quebec. American Journal of Public Health，1996.

[5]Qiu X，Zhu T，Li J，et al. Organochlorine pesticides in the air around the Taihu Lake，China. Environmental Science & Technology，2004.

[6] Jia H，Liu L，Sun Y，et al. Monitoring and Modeling Endosulfan in Chinese Surface Soil. Environmental Science & Technology，2010.

[7]Moeckel C，Nizzetto L，Strandberg B，et al. Air-Boreal Forest Transfer and Processing of Polychlorinated Biphenyls. Environmental Science & Technology，2009.

[8]Moeckel C，Thomas G O，Barber J L，et al. Uptake and storage of PCBs by plant cuticles. Environmental Science & Technology，2008.

[9]Qiu X，Zhu T，Yao B，et al. Contribution of Dicofol to the Current DDT Pollution in China. Environmental Science & Technology，2005.

[10]Ratcliffe D A. Decrease in eggshell weight in certain birds of prey. Nature，1967.

浸出油不安全吗？

qiuwenjie

流言："某品牌食用油是化学浸出法制取！这种工艺的优点是出油率高，企业能降低成本，缺点是产生两种物质：铅汞残留和反式脂肪酸！这两种物质是强烈致癌物质。浸出溶剂正己烷是神经毒素，接触极其微量对人类健康危害极大！"

真相

中国国标对在食用油中正己烷之类的溶剂残留的标准是"不得检出"，浸出油厂用的正己烷都必须是食品级的，食品级的正己烷经过重金属脱除处理，铅、砷等有害金属残留都低于10ppb①，这么低的残留不会对生产的油有危害。脱除溶剂的最高温度只有110℃，远远达不到反式脂肪酸生成的温度。实际上，精炼一级油是无法通过检测手段来检验最初的制取工艺的。无论是压榨工艺还是浸出工艺生产出来的油，只要符合中国食用油质量标准和卫生标准，就都是安全

---

① ppb表示1亿份单位质量的溶液中所含溶质的质量。

的食用油。

浸出油的安全性

食用油的制取工艺主要有两种：压榨和浸出。压榨作为一种传统工艺，自古以来就是人类获取油脂的方法。但压榨后油饼的残油率大约在 7%～9%，甚至更高，造成浪费，这是因为油脂会比较分散地分布在油料细胞间，很难用压榨法提取出来。

浸出法是利用油脂和有机溶剂相互溶解的性质，将油料破碎压成胚片或者膨化后，用有机溶剂——一般情况下让正己烷和油料胚片在"浸出器"中亲密接触，将油料中的油脂萃取溶解出来，然后通过加热汽提的方法，脱除油脂中的溶剂。通过这种方法，可以将油料残渣中的残油率降低至 1% 以内。以大豆为例，浸出法比压榨法的出油率要高 50%。对现代食品工业来说，这个数字是一个非常巨大的差距。

和压榨法相比，浸出法的出油率大大提高，生产条件好，生产成本也大幅降低，可以为人们提供低价的食用油，那么这种方法的安全性又是如何呢？很多人知道正己烷是现代石油化工的产品，本能地觉得浸出油是"用汽油泡出来的"，进而吃浸出油就是吃汽油，不安全、不健康、有毒等说法就出现了。有些人即使知道浸出后续有脱除溶剂的工艺，但仍然很担心正己烷能否脱除干净，残留的正己烷是否对人体有害。

正己烷是有微弱的特殊气味的无色液体，沸点是69.74℃，易于挥发，会通过呼吸道、皮肤等途径进入人体，长期接触可导致人体出现头痛、乏力、四肢麻木、呕吐等症状。流言正是利用这一点，来证明浸出油的不安全。

工业生产中，油料中的油脂被正己烷萃取出来形成的混合液叫做"混合油"。我们利用正己烷沸点低的特性，将混合油和油料残渣分离后，通过几次加热汽提（最后一步加热至110℃左右），将正己烷去除，得到的粗油，叫做浸出毛油。挥发掉的正己烷经过冷却后回收，循环利用。正己烷因沸点低极易挥发，所以经此一役，绝大部分正己烷被带走，溶剂残留能降低至100ppm左右。100ppm[①]看起来也是个蛮大的数字，是不是还不安全呢？且慢，这个毛油并非我们直接食用的油。对大部分油料来说，不管是压榨还是浸出，得到的毛油因为含有磷脂、游离脂肪酸、农药残留等，不能直接食用，都必须经过脱胶、脱酸、脱色和蒸馏脱臭等精炼工序后，才能得到可供食用的油。

最后得到的精炼一级油，中国国标对正己烷之类的溶剂残留的标准是"不得检出"。

流言里还说："浸出油因为用了正己烷，这种石油化工产品有重金属铅、汞等残留，在加工过程中都进入了油里；

---

① ppm 表示 100 万份单位质量的溶液中所含溶质的质量，ppm＝（溶质的质量/溶液的质量）×1000000。

另外在脱除溶剂的过程中需要高温，将会产生反式脂肪酸，这些都会对人体造成危害。"实际情况是，正己烷分为工业级和食品级。浸出油厂用的正己烷都必须是食品级的。食品级的正己烷经过重金属脱除处理，铅、砷等有害金属残留都低于 10ppb，这么低的残留不会对生产的油有危害。另外，油在高温下确实会生成部分反式脂肪酸，不过温度要超过 220℃这种反应才会发生，而脱除溶剂的最高温度只有 110℃，远远达不到反式脂肪酸生成的温度，如果消费者在家做煎炒炸的烹饪，倒是很容易让油温超过 220℃。

浸出法制油的历史与现状

浸出法制油最早出现在 19 世纪中期的欧洲，20 世纪初已经成规模地在制油工业中得到应用。20 世纪四五十年代，随着技术的进步和设备的成熟，浸出法在欧美国家已经成为主流的制油工艺。比如在 1957～1958 年，美国收获的大豆油料中，有 93.2%都是采用浸出法制油。1949 年之前，中国只有一些零星的外资浸出油厂分布在沿海地区。1955 年，中国自主建设的第一家浸出油厂在吉林投产，开启了中国大规模浸出法制油的历史。经过半个世纪的发展，到 2005 年，浸出油的产量是油脂总产量的 80%，在欧美发达国家，这个数字已超过 90%。

现代油脂加工厂，对于一些低含油的油料，比如大豆，采用的是直接浸出工艺；对于一些高含油的油料，比如菜籽、花生，则采用先压榨后浸出的工艺。纯粹的压榨法制油目前仅保留在某些可产生特殊风味的油脂加工中，如橄榄油、芝麻油等。

土法榨油更好吗？

现在有很多城市人推崇农村里的土榨油：在一个农贸市场的角落里，菜籽炒熟之后进入榨油机，香味浓郁的油就出来了。很多人认为这种油天然营养、无污染、无添加剂，是绿色健康安全的食品。我们从食品安全角度分析，这种油真的更好吗？

我们首先来看看这种榨出来的毛油里面都有什么成分。经过精炼后的油脂主要成分是甘油三酯，而粗榨出的毛油里除了甘油三酯，还有一些其他的组分：游离脂肪酸、磷脂、油料渣末，以及在种植、收获、晾晒、储藏等各环节可能带入的多环芳烃、黄曲霉毒素及农药残留。

游离脂肪酸和磷脂的存在，首先使得油脂不稳定、易于氧化，缩短了保质期；另外这二者的存在还使油脂在加热时容易冒烟。油脂加热至持续发烟的温度，称之为烟点。一般情况下，大豆毛油或菜籽毛油加热至 $150℃$ 就开始大量冒烟，而精炼油的烟点能提高至 $210℃$ 以上。油脂加热后的烟里含有丙烯醛，这是一种具有强烈刺激性的物质，能够损害呼吸系统和眼睛。考虑到中国人烹饪的时候普遍喜欢把油加热到很高的温度，那这种油对健康的危害就更明显了。

至于多环芳烃、黄曲霉毒素及农药残留，这些更是对人体健康危害极大的物质，需要脱除。精炼过程中，通过吸附、蒸馏等方法，可将这些危害物质降至安全范围。

由此可见，食用油是否安全，不在于前段制取是压榨还是浸出工艺，主要是由后续的精炼工艺决定的。天然健康的土榨油在没有精炼之前，也不一定是安全的。中国国标要求食用油的外包装必须标明制取工艺，是为了给消费者以知情权，并不意味着两种制取工艺在食品安全上有差异。

实际上，精炼一级油是无法通过检测手段来检验最初的制取工艺的。

结论：谣言粉碎。无论是压榨工艺还是浸出工艺生产出来的油，只要符合中国食用油质量标准和卫生标准，就都是安全的食用油。

参考资料：

[1]Hui Y H. 贝雷：油脂化学与工艺学：第 5 版第 4 卷. 2001.

[2]王瑞元. 突飞猛进的中国油脂工业. 中国油脂，2005.

无籽水果是用避孕药种出来的吗？

风飞雪

流言：无籽水果中含有大量激素，用避孕药处理来达到无籽效果，经常食用会对人体有害。

真相

各类色彩缤纷、香甜味美的水果是大家喜爱的食物。大快朵颐之时，嘎嘣一声咬到一颗坚硬的果籽，总是令人扫兴的事情。于是农民和育种家努力通过研究果实的发育特点来让水果没有籽。可是有些人觉得没有籽的水果"不自然"，甚至猜疑是不是给水果用了避孕药，这可真冤枉呀！我们来看看无籽水果背后的原理吧。

水果里为什么要有籽

我们吃的水果，从植物学上来说，基本都属于被子植物的果实。当果实这个器官在侏罗纪晚期出现的时候，它有着神圣的任务——保护和更好地传播包被在其内部的植物幼体：种子。"被子植物"这一名称就是这样得来的。有了果实的包被，种子得以更好地传播，我们今天才能够吃到美味可口的水果。

双授精以后，种子开始发育，整个子房也在发生着显著的变化：在种子活动的刺激下，子房壁细胞不断分裂膨大，使得整个子房变得膨大疏松起来。同时大量的水和营养物质（蛋白质、糖类、有机酸等）被运输到膨大的子房壁细胞中储藏起来。之后，在果实自身产生的激素乙烯的影响下，整个子房变得厚实而多汁，成为我们吃到的水果，而里面被包裹着的种子，即是我们讨厌的籽了。有籽水果中，若种子中的胚珠不发育，那么无法产生足够的激素，子房就会萎蔫、脱落，不能形成果实。

人类了解了果实和种子形成的过程后意识到，如果能够阻止种子的发育，同时又不影响子房壁的发育，就能得到既鲜嫩多汁，又不用吐籽的无籽水果了。于是，人类就踏上了生产无籽水果的征途。

激素的力量

在植物体内，对促进植物果实发育影响最大的激素有两类：生长素和赤霉素。生长素是由生物体内 20 种氨基酸之一的色氨酸，经一系列酶促反应生成的，它对于植物体有着至关重要的作用。从种子的萌发、芽的伸长到植物形态的建立，都离不开生长素的参与。

再来说说赤霉素。赤霉素名字中的"赤霉"二字，指的是它最初被发现的来源——赤霉菌。在 20 世纪 30 年代，日本科学家发现，水稻有时候会被赤霉菌感染，结果就是受到感染的植株长得相当高。通过提取、研究赤霉菌的分泌物，人们发现分泌物中含有能够促使水稻节间细胞快速分裂和伸长的物质。后来经过不断的分离和纯化，后人发现这种物质其实是一大类结构类似、具有相同生理功能的物质，并将这类物质统称为赤霉素。随后的研究也显示，植物自身也能产生赤霉素，来对自身的生理过程进行调节。这里顺便说一句，推动农业"绿色革命"的矮秆水稻，其本质就是赤霉素合成途径上的一个关键基因的突变，使得赤霉素合成障碍而形成的。

看到这里，也许聪明的读者已经看出端倪了。生长素和赤霉素，都能促进植物细胞的分裂和生长，而果实的发育，其本质就是子房壁细胞的分裂和生长。所有被子植物发育中的种子都能够大量合成生长素及赤霉素，使得果实进行发育。那么在种子不发育的情况下，想办法为果实提供足够的激素，我们就能够获得无籽水果了。

无籽水果的诞生

那么如何能够使得种子在不发育的同时为果实提供足够的激素来促进果实发育呢？有如下几个方法：

①为果实施用一定浓度的植物激素，抑制种子发育的同时促进果实发育；②通过杂交手段，使得种子不能正常发育，同时给予一定刺激，使果实自身可以产生足以支撑其发

育的植物激素；③通过寻找种子不育但能够自身产生植物激素的突变个体，来生产无籽水果。

无籽葡萄是第 1 类和第 2 类无籽水果的典型例子。例如，中国栽培面积最大的巨峰葡萄，本身是产生种子的。但如果在葡萄盛花期及幼嫩果穗形成期用一定浓度的赤霉素进行处理，便可以抑制种子发育，促进果实膨大，从而获得无籽的巨峰葡萄。通过赤霉素处理的葡萄，不仅能够达到较高的无核率，还有增加果粒大小的效果。另外一些葡萄品种，例如"京可晶""大粒红无核"等，由于其本身的变异，在授粉之后，受精胚囊很快停止发育，但果实本身可以产生激素，从而使得果实膨大发育为无籽果实。

无籽西瓜则是采用了第 2 类方式获得无籽果实。普通西瓜都是二倍体植株，也就是细胞内含有两组染色体，可以正常结籽。人们用秋水仙素处理西瓜，使得其染色体加倍成四倍体，这样的四倍体西瓜也能结籽。但是，当四倍体西瓜与二倍体西瓜杂交后产生三倍体西瓜，它的胚囊在产生卵细胞时染色体会发生混乱，因此不能正常受精成为正常的种子。这时候，再以二倍体西瓜的花粉授粉，花粉中含有的合成生长素的酶系被花粉管带入西瓜果实中，使三倍体西瓜果实内能够合成生长素，结果三倍体西瓜的果实就成为无籽果实。

第 3 类无籽水果的代表有柑橘。人们会发现一些柑橘植株的某一枝条上的柑橘全部无核，这是由于这些枝条在发芽时受到外界刺激发生了变异，从而使得种子不能发育，但果实本身发育正常。将这些枝条通过扦插、嫁接等方式进行繁育，就可以生产出无籽柑橘。目前市场上的很多无籽柑橘品种，大多数是通过这种方法获得的。

除了上面说的几种水果，菠萝、香蕉等也是常见的无籽水果，菠萝是利用其不能自花授粉结实的特点来达到无籽目的，而香蕉本身就是三倍体植株，自然也不会产生种子了。

植物激素 VS 动物激素

除了和种子产生密切关联的生长素和赤霉素外，植物体内还含有多种其他的激素，包括细胞分裂素、脱落酸、乙烯、油菜素内酯等。这些激素严密而精确地调节着植物的生长状态和各个生理过程，可以说植物的任何生理过程都离不开植物激素的调节。所以在我们食用植物组织，尤其是果实等植物激素大量产生的部位时，其所含有的内源性植物激素也一并被我们吃了下去。例如在新鲜脐橙果肉中，内源性赤霉素含量可达每克 10 微克，生长素含量约为每克 1.2 微克，我们吃上 100 克脐橙就相当于摄入了 1 毫克的赤霉素以及 120 微克的生长素。生长素及赤霉素无可见毒性，很快会随代谢排出体外，因此对人体并无不良作用，小鼠生长素半数致死剂量约为每千克 1000 毫克，赤霉素的半数致死剂量则大于每千克 25000 毫克，若非当水喝，恐怕很难中招。

在农业生产中，人们经常会用一些人工合成的植物激素施用给作物，来获得所期望的性状。这些人工合成的植物激素中，以生长素类似物 2，4-D、萘乙酸以及能产生乙烯的乙烯利为多。这些人工植物激素属于低毒农药，且若是超量使用会造成果实异常膨大、易于腐烂，植物体生长障碍甚至死亡等不良影响，因此适用量不会很大。并且对这类植物激素有最高检测限标准，例如中国对 2，4-D 和乙烯利的最高残留限量分别为每千克 0.2 毫克和每千克 2 毫克，较欧、美、日等国持平或更为严格。因此购买符合标准的水果，是不用担心这些植物激素对人体的危害的。

　　与植物一样，动物体（包括人体）的生长、发育，以及生殖过程，都需要激素的参与。但是植物激素和动物激素在化学性质上差异相当大，并且识别机制也各不相同。因此动物激素无法被植物识别而发生效用，反之，植物激素在动物体内也无法发挥其在植物体内的作用，就好比不同操作系统下的软件只能被对应的操作系统所识别和使用一样。

　　避孕药，从其本质上来说，实际上是人体性激素的类似物，因此在进入人体后才能够被人体的响应识别机制所识别，进而调节体内各项生理指标，达到降低受孕效果的目的。而植物体内，由于缺乏相应的受体以及信号途径，也就无法起到给植物"避孕"的效果了。同理，在农业生产上使用的各类植物激素，被摄入人体后也不会起到激素的效果，因此不必谈"激素"而色变，还是应该好好享受美味的水果。

　　结论：流言破解。大多数无籽水果的生产都不需要人工使用植物激素，使用的情况下也受限于过量使用会导致植物异常的生理特性。何况植物中自然产生的植物激素原本就不少，食用它们也并没有表现出健康危害。植物激素和动物激素无法互相替代，避孕药无法让水果无籽，植物激素也无法调节人的生长发育。

参考资料：

[1]陆时万，等. 植物学（上）. 高等教育出版社，1992.

[2]武维华. 植物生理学. 科学出版社，2008.

[3]刘涛. 柑桔贮藏过程中植物内源激素以及理化性质的研究. 西南大学硕士学位论文，2010.

[4]徐爱东. 中国蔬菜中常用植物生长调节剂的毒性及残留问题研究进展. 中国蔬菜，2009.

一支雪糕加入 19 种添加剂，有必要吗?

CFSA _ 钟凯

流言："一支雪糕中有 19 种添加剂，25 克蛋糕含 17 种添加剂，中国人每天吃近百种添加剂，长期食用会对身体健康造成潜在危害，特别是对儿童来说，危害尤其严重。"

真相

"数添加剂种数热"是个有趣的现象，因为正规企业一直都按国家规定把所使用添加剂的情况标注在商品包装上，现在却被当成负面新闻报道，难道消费者要选择无标识的"三无"食品吗?

冰淇淋好吃，没添加剂不行!

一种食品中含有 N 种食品添加剂，其实只是意味着要达到生产工艺和口感的要求，需要这 N 种食品添加剂。

以我爱吃的一款巧克力冰激凌为例，配料表中显示添加了乳化剂、增稠剂、甜味剂、色素、香精等十来种添加剂。它们都是干啥用的呢?

乳化剂多数是酯类物质，是为了提高原料的均匀性和稳定性，这样在雪糕凝冻的时候才不会形成不均一的冰碴。同时乳化剂还会抓住原料中的脂肪小颗粒并形成类似丝瓜瓤那样的网络，锁住微小的气泡，最终形成柔软细腻的口感。

增稠剂，顾名思义是让原料显得更黏稠的添加剂，常用的包括黄原胶、卡拉胶、瓜尔胶等。它的作用是在凝冻的过程中改变水的结晶形态，反映在口感上就是雪糕和冰棍的区别。除此之外，它也可以提供饱满的质感，使得溶化的冰激凌仍然黏附在表面，而不是滴得到处都是。

过去冰激凌里甜味剂用得还很少，现在越来越多的产品开始做此尝试。原因在于冰激凌是高脂、高糖食品，容易造成能量摄入过多。用几乎不提供能量且成本较低的甜味剂替代传统的糖，也是为了健康的目的。有时多种甜味剂还会复合使用，使口味更接近传统的糖。

色素、香精则主要是满足大家对色和香的追求，而且使用它们工艺简单、成本低廉、安全可靠。比方说蓝莓口味的雪糕，如果用果汁取代香精色素，成本更高且不说，企业可能需要使用更多的添加剂来平衡果汁中的成分对工艺的巨大影响。

安全不安全，得看使用量

食品添加剂的安全性归根结底是要看用了多大的量和吃了多少，而和使用的品种数量没有必然联系。只要符合标准的要求，食品添加剂的安全性是有保障的。如果你嫌添加剂太多，那就只能选择最朴素的冰棍，里面顶多会有点香精色素。如果连香精色素也无法容忍，那恐怕只能冲点糖水放冰箱里自己做冰块了。

至于消费者担心的"用的防腐剂竟有 4 种之多"，这其实也都是工艺的需要。尽管防腐剂都产生抑制微生物繁殖的效果，但不同品种的防腐剂作用机理有差异，复合使用的话，在抑菌效果上会产生"协同效应"，即"1＋1＞2"的效果。也就是说，同样的防腐效果，多种防腐剂同时使用时，总的使用量其实更少。相反，如果防腐剂"单打独斗"，微生物家族就容易出现"漏网之鱼"，如果完全不用防腐剂，你的肚子被微生物打败的可能性更大。

比如在一项对橙汁的研究[1]中，3 种防腐剂（山梨酸钾、Nisin、EDTA）无论谁单独出现都无法对微生物产生足够的打击，在存放 14 天后抑菌率都降到 95％以下，而"三管齐下"再配合少量维生素 C，就能造成微生物家族几乎全灭，即使存放 21 天抑菌率也依然高于 99.5％。如果欲以其中一种防腐剂实现这样的效果，使用量将远大于复合使用的总量。

从另一个角度说，各大食品企业的研发部门都在竭尽所能寻找最合理的配方，既满足工艺需要，符合消费者的口味需求，又能控制成本。试想一下，在达到同样工艺目的的前提下，企业是愿意多添加防腐剂增加成本，还是尽量少添加防腐剂控制成本呢？答案应该显而易见。

结论：对于消费者来说，不必过多担心食品中添加剂的使用，应该通过舆论和监管者督促企业合理使用。消费者首先要做的是选择正规厂家的食品，从正规的超市、市场购买食品，这是最基本的保障。其次，要使自己的食谱丰富起来，品种的丰富不仅仅可以使营养摄入更全面，也可以摊薄食品安全风险。最后，要学会看营养标签，了解均衡营养的知识，通过合理的膳食搭配达到健康的目的。

参考资料：

[1]焦晶晶，章宇. 生物化学复合防腐剂在橙汁防腐保鲜中的协同增效作用. 农业工程学报，2006.

掉色的食物一定是染色的吗？

连博连博

流言："一定要小心掉色的水果和粮食，因为上面有大量的人工色素，吃下去会对身体造成伤害，甚至有致癌的风险。所以一定要小心颜色鲜艳的食物，比如黑花生、黑米、草莓等。"

真相

现在蔬菜瓜果粮食的种类日渐丰富，消费者面对新奇颜色的食物常会心生恐惧，生怕是被染了色的。另一方面，染色芝麻和染色橙子等新闻也时常爆出。到底应该如何来判断哪些掉色是正常的，哪些掉色又是不正常的呢？这要从植物色素的不同种类说起。

不易掉色的红橙黄——类胡萝卜素类色素

类胡萝卜素是一类广泛分布于各种植物中的天然色素，现在已鉴定出的类胡萝卜素就有 600 多种，常见的类胡萝卜素有胡萝卜、南瓜、红薯和深绿色蔬菜中富含的 α-胡萝卜素、β-胡萝卜素和叶黄素，番茄和红瓤西瓜中富含的番茄红素，玉米中的玉米黄素。芸香科植物例如柠檬、橘子、橙子、柚子等也含有大量的类胡萝卜素类色素。其实一些动物体内也有类胡萝卜素，比如虾蟹中煮熟了会变红的虾青素。

类胡萝卜素的一些成员参与了绿色植物非常重要的一个生理过程——光合作用。位于植物叶绿体中的 β-胡萝卜素和叶黄素会在植物进行光合作用时起到"光线接收器"的作用，这些色素分子吸收太阳光能，然后将这些光能传递给处于中心位置的叶绿素分子，经过转换，这些能量就可以固定在植物合成的有机物中，为植物所用。

类胡萝卜素的一个共同特点是易溶于油脂而不易溶于水中，所以除非破坏外皮、煮熟或榨成汁，简单地冲洗富含类胡萝卜素的红橙黄色蔬菜瓜果是不应该出现掉色的情况的。这和下面的极易溶于水的花青素截然相反。

易掉色又会变色的红蓝紫——花青素类色素

大自然中五彩缤纷的花朵是最美丽的景色，而我们能看到这些美丽的花朵，很大程度上要归功于存在于花瓣细胞液泡中的花青素。花青素经常与不同的单糖结合在一起，形成各种类型的花色苷。花青素有一类特殊性质，就是颜色可以随着它所处溶液的酸碱度改变而改变。当溶液变酸性时，会趋向红色；当溶液变碱性时，会趋向蓝色。正是由于植物细胞中液泡的酸性程度不同，各种各样的花青素随之变色，让花瓣变得好看起来。

除了花瓣，花青素还存在于很多植物的各种组织器官中。从传统上常见的紫甘蓝、红洋葱、茄子、黑米和黑豆，到新奇的紫胡萝卜、紫薯、黑花生和紫菜花等，富含花青素的食材一般很容易掉色，也是经常被怀疑染色的对象。

其实富含花青素的食材掉色是非常正常的，因为和类胡萝卜素不同，花青素是水溶性的。如果不放心，还可以用白醋来试验一下，紫黑色的花青素溶液在遇到白醋后会变红。像紫薯、紫甘蓝在烹饪中也很容易变色，用偏碱性的水煮紫薯粥，粥会发蓝，用紫薯做糕点，如果放了小苏打，面糊会变成难看的绿色。

另类的红与黑——甜菜红与黑色素

有一种红色植物色素，既不属于不易掉色的类胡萝卜素类，也不属于易掉色又会变色的花青素类，它就是易掉色且染色效果极佳的甜菜红。常见的富含甜菜红的蔬果有两种，俄罗斯红菜汤里用的红菜头和红色果肉的火龙果。甜菜红一般呈现出一种漂亮的紫红色，对酸碱也远不如花青素敏感，食用多了还会让尿液变色，所以如果吃了红菜头或者红色果肉的火龙果发现自己尿液发红，不必惊慌。

尽管黑色的食材经常和花青素联系在一起，但其实黑色的食材并不一定都含有大量花青素，比如黑芝麻和黑木耳含有大量黑色素，而黑色素是难溶于水的。黑芝麻同时含有少量的花青素，所以出现轻微掉色是正常的，如果大量掉色以至于种子都发白就要怀疑是否染色了。黑木耳则是完全不应该掉色的。

食物为什么会掉色？

在生活中经常会遇到一些食物在冲洗时"掉色"的情况，但是有时候同样色彩的食物却并不会掉色。这里的原因可以从两个方面来考虑。

一个方面是色素本身的性质。我们知道，不同物质在水中的溶解性也不同。食物中存在的天然花青素分子本身具有高度的共轭体系，同时有酸性和碱性的基团，是一种极性分子，根据"相似相溶"的原理，它们是很容易溶解在水、醇等极性溶剂里的。而类胡萝卜素分子共同的结构特点是带有9个双键的长链，其中大多数是脂溶性分子，在用水冲洗时就难以掉色。黑色素也是难溶于水的。

另外一方面是考虑食物中的色素是不是容易被"挤"出来。上文提到过的紫薯，它的花青素分子不仅处在细胞里，而且在细胞壁间也有很多，当出现这样的情况时，甚至只需要在吃的时候抓着紫薯块，手上就会染上紫色。而只存在于果皮中的花青素，例如茄子和蓝莓，虽然长时间浸泡后也会掉色，但正常的冲洗、抓取并不会掉色。

结论：流言破解。随着农业的不断发展，蔬果粮食的颜色也日渐丰富起来，出现了各种新奇颜色的食材，当中有一些会容易掉色或变色也很正常，不必惊慌。从正规渠道购买食材，不购买明显低于市场价的食材，学习了解植物色素背后的原理，可以更好地享受自然的馈赠，避免买到染色产品。

小贴士：

为了不让紫薯糕点变绿，建议大家用酵母而不是小苏打发酵。如果想让炒出来的紫甘蓝颜色好看一些，可以放一点白醋来让颜色保持鲜艳。

参考资料：

[1]韩雅珊. 类胡萝卜素的功能研究进展. 中国农业大学学报，1999.

[2]崔丽娜，董树亭，高荣岐，等. 玉米籽粒色素研究进展. 山东农业科学，2010.

[3]赵宇瑛，张汉锋. 花青素的研究现状及发展趋势. 安徽农业科学，2005.

[4]黄荣峰，等. 高效液相色谱法快速测定黑花生种皮中花色苷含量. 中国农学通报，2011.

[5]孙金辉，等. 紫薯花色苷的研究进展. 粮食与饲料工业，2011.

[6]赵肃清，等. 天然黑色素的研究进展. 广州食品工业科技，2001.

[7]魏国华，等. 黑色素的合成、鉴定及应用现状. 中国食品添加剂，2011.

[8]陆懋荪，等. 黑芝麻黑色素的化学结构研究. 食品科学，2007.

农村自养猪肉：营养不高，安全隐患不低

Birnyzhang

流言："现在的猪肉，哪有过去的香啊，营养肯定要差好多！还是农村自家养的猪肉好，贵也值得买。"

真相

首先要明确一点，通常公众所说的"香"指的是"风味"。猪肉的风味主要是由小分子有机物如硫胺素、氨基酸等物质体现的[1]。这些风味物质种类繁多、含量微小，与数量庞大的蛋白质、脂肪等主要营养物质相比，其营养作用可以忽略不计，也就是说，"风味"和"营养"是两个概念。

风味不足，营养不差

风味物质主要是靠时间来累积的，规模化养殖出的猪肉与传统养殖的猪肉相比，风味上确实是有所不足的。在保证食品安全与食品质量的前提下，规模化养殖的目标是尽可能以最快的生长速度，在最短的时间内收获最多的肉，因此无论是品种选育还是饲料配比都是为实现这一目标。这种肉生长时间短，风味物质在肌肉间积累不充分，自然不如慢慢生

长肉来得"香"。但为了满足人们日益增长的肉类消费需要，高效生产是被迫、也是必然的选择，风味这一细节就被更为大众化的选择舍弃了，只能在价格更为昂贵的猪肉产品中体现。

规模化养殖出产的猪肉，风味差了些，但营养并不差。首先，猪的品种就很有讲究，从产子性能、增重性能、瘦肉率等方面选择培育出的品种，其产品性能就远非一般土猪能比。其次，商品猪的养殖[2]也十分严格，初生仔猪要在两小时内吃上初乳，在三日龄要补硒补铁防止腹泻，猪舍要电加热保证恒温，定期饲喂益生菌以维持肠道菌群平衡，不同生长时期使用不同饲料满足生长需求等。与吃住条件都比较差的土猪相比，规模化养殖出产的猪肉在营养上可能更有保证。

防病抗病，得有专业保障

一说到养殖业，就有人提养殖场中太多动物集中在一起容易生病，还有给动物长期大量用药等问题。确实，从事养殖业的有句俗话叫"家有万贯，喘气的不算"，意思是养殖就怕碰上疫病，一旦发生，多半只能亏损了。防病，在规模化和规范化的养殖企业中是重中之重，也是一项系统工程，可不只是随便喂药这么简单。

首先，是生活环境的消毒。与其病了喂药且不一定能控制疫情，还不如把疫病传播的机会降到最低。在规范化养殖的饲养场中，每周猪舍都要进行喷雾消毒 1～2 次；每个月场区还会有 1～2 次彻底大消毒，铲杂草、挖鼠洞、填沟渠、路面喷淋消毒药；出完猪的空猪舍更是要经历清洗、喷药、熏蒸及空置一周的处理；工人进猪舍还要洗澡更衣、用消毒药洗手、泡胶鞋；白大褂每天紫外线照射，每周高压清洗[3]。这一系列措施都是为了不给病原体传播的机会。比起如此严苛的措施，农村自家养猪极少消毒，闲杂人等或其他动物还可以自由进出，都增加了疫病传播的可能。

其次，就像人会打疫苗预防某些疾病，猪也一样。猪的免疫程序是很有技术含量的，既要保持相对稳定，又要依据疫病情况做出相应调整，单说免疫程序的制定[3]，没有几年甚至十几年专业经验，就不可能完成。免疫的准备和实施的具体工作[3]也相当专业，不要说猪在接受疫苗接种后出现什么异常反应、要如何应对等环节了，就单说口服疫苗的瓶盖应在空气中打开还是水中打开，都是有讲究的。所以说，养殖动物的免疫是既需全局眼光又要关注细节的专业技术活，有漏洞就容易诱发疫病。通常来说，农村自家养猪户的知识储备，不足以应对如此苛刻的要求。

最后，药是肯定要用的。动物在养殖中不生病是不可能的。而且如果发病再用药，那疗程、药量都会加倍，药物残留会更加严重，所以需要在没发病时进行预防性投药。而且，兽药的种类很多[4]，不只是抗生素，就算是抗生素，为了避免耐药性等对公众卫生可能产生的不利情况，国家不仅规定仅使用动物用抗生素[5]（如泰妙菌素等），而且还在农业部第 278 号公告中规定了停药期，把各类药物残留对人的危害降到最小。

的确，存在有的养殖场为了追求利润，无视国家规定的情况，但这并非选择自养猪的理由。猪在各个生长时期需要的温度、营养物质、饲养环境等均不相同，只有非常专业的养殖人员才能及时调整、满足其所需，将疫病发生的可能性降到最低。农村自家养殖中，养殖条件简陋不说，养殖户又没有系统的理论知识做指导，消毒免疫措施跟不上，这种情况下养的猪，比规模化猪场养的猪只会疫病更多、用药更多。

但即便是规模化养殖这么严格防守，也不能达到 100% 的存活率，在没有大规模疫病发生的情况下，从乳猪到成猪的生长过程中，死亡率也有 5% ～ 10%（死因并非全是疾病，也可能是因为受伤、意外、天气骤变等）。这些猪的尸体，如果当地有条件，则进行无害化处理；如果没有条件，则要焚烧处理。

检疫：为食品安全层层把关

规模化猪场还有国家法定的检疫做保障。除了饲养时场内定期不定期的自行检疫防止疫病传播以外，国家还规定了猪检疫的项目、对象、程序和处理办法[6]。中国的动物检疫有许多环节：卖猪时进行"产地检疫"防止得病的猪出场，运输时进行"运输防疫监督"防止疫病传播，在屠宰场屠宰前进行"宰前检疫"防止违章宰杀，屠宰时进行"宰后检验"防止病肉流入市场，在市场买卖猪肉时进行"市场检疫监督"防止违禁肉进入消费者菜篮子等。这一系列措施层层把关，保证人们买到、吃到合格肉。

以比较常见的检疫项目猪患链球菌病为例，此病的症状十分明显，非常容易在宰前检疫中发现，一旦发现，这样的猪是绝对不会屠宰分割的，死猪更是不可能进入屠宰车间。就算有漏网之鱼，市场检疫监督时也可检出，因为这种濒死或死亡的猪血液流动慢或不流动，屠宰后血液放不干净，滞留在肌肉血管内使肉呈暗红色，很容易辨别。但自家养的猪，通常都是自行屠宰并买卖，并没有通过检验检疫，没有辨别能力的普通消费者很有可能因接触生的病猪肉而感染。

2005 年四川发生的"人感染猪链球菌病"事件，导致204 人染病，38 人死亡。调查结果显示，染疫生猪全部来自农村散养户，人感染病例均因私自宰杀、加工病死猪而得[7]。

另外，猪容易感染囊尾蚴，感染后的猪肉就是俗称的"米猪肉""豆猪肉"，这囊尾蚴病便是宰后检验必检的对象。囊尾蚴是幼虫的名字，成虫叫猪带绦虫，是人常见的寄生虫病病源。这种虫子整个生命过程是这样的：成虫寄生在人小肠内，身体末端的节片里是受精卵，脱落的节片或受精卵随着人粪便排出，污染猪的饮食饮水，被猪吞食后，虫体随猪的血液循环来到骨骼肌、心肌、皮下或脑、眼等地方发育为囊尾蚴囊泡，人吃了生的或半生的含有囊尾蚴的猪肉而感染，囊尾蚴内的头节在人小肠内翻出，二三个月后长成成虫。

在饲养条件差时，猪食料容易被人粪便间接污染，而且有些农村的猪圈还是连接着茅厕的"连茅圈"，猪可以直接接触人粪便。农村卫生状况和习惯较差，养猪人感染猪带绦虫的可能性就比较高，但这种病症状又很不明显，人们很少主动吃驱虫药，而猪带绦虫在人小肠里可以存活二三十年，在这期间一直排出虫卵，如果人的粪便没有妥善处理，那么他养的猪就可能感染囊尾蚴。猪感染囊尾蚴后病症状轻微，只能靠宰后检验检出。如果病猪没有在屠宰场统一屠宰并检疫的话，人误食病猪肉后就会感染猪带绦虫。

农村自家养猪条件差、疫病多，还没有专业人士的检疫，这样的肉，可并不比养殖场的猪肉更安全。

最后需要强调的是，"农村自家养三五头猪"和"正规猪场在山坡放养几十头、几百头猪"有本质上的不同。前者属于自给自足的小农经济，后者则是规模化养殖的另一种形式。这种放养也是在专业指导下进行的，从选择场址、品种到补饲、防病都是精心为之，因此安全较前者更有保障；在风味上，这种猪比普通规模化饲养的猪生长周期长，因此肉也更香。如果经济条件允许的话，可以选择后一种猪肉。

　　结论：农村自家养的猪肉可能别有风味，但营养并不优于规模化养殖出的猪肉，而且可能带有更多疾病。为并无营养价值的风味，不值得冒这样大的风险。

参考资料：

[1]吕东坡，朱仁俊．猪肉中风味物的研究进展．食品工业科技，2009．

[2]韩俊文．养猪学．中国农业出版社，2004．

[3]陆桂平．动物防疫技术．中国农业出版社，2010．

[4]中华人民共和国兽药典．中国农业出版社，2010．

[5]师志海，李万利，兰亚莉，等．动物专用抗生素的研究进展．中国兽医杂志，2012．

[6]动物检疫管理办法．中华人民共和国农业部令2010年第6号．

[7]马小军．人感染猪链球菌病预防与控制．2005．

野味 vs 养殖：口感、营养、安全大比拼

C. CristataX

流言：动物还是要吃野生的好，养殖的无论口感还是营养都比不上野生的。野味（野生动物制成的食品）味道鲜美、口感好，营养价值也更高：脂肪含量低、蛋白质含量高……

❧ 真相 ❧

野生动物跟养殖动物的口感确实存在差异。野生动物在野外为活下去疲于奔命，因此肌纤维发达，脂肪含量少，口感更筋道。而养殖的动物由于缺少一个让它们不停奔跑的环境，因此肌肉中脂肪含量会比野生动物要高，口感也偏向细腻、柔软，而且现代养殖实际上也是一个不断筛选培育更符合人们偏好的肉类的过程。但是，哪种口感更好，取决于进食者的主观感受，很难说野生动物的口感就比养殖动物要好。

口感好，不代表营养价值高

以鸡肉为例，鸡肉的香味很大程度上由其中的"呈味核

苷酸"决定，而"筋道""有嚼头"则是由肉中的胶原蛋白和弹性蛋白决定。这些决定风味和口感的成分跟鸡的生长期有关。生长时间越短，"鸡味"越淡，也越嫩。不过这些影响风味口感的成分跟营养没有什么关系[1][2]。

另外，"标价越高的红酒越好喝"的心理作用，也会影响人们对于食物的判断。市场上，野生动物的价格甚至可以是同物种养殖动物价格的几倍，可能令人产生"越贵的东西味道越好"的心理暗示。

野味：美味的风险

在某些热爱生鱼片的人眼里，野生的生鱼片毫无疑问是一道珍馐，有些人甚至觉得野生的生鱼片可以随便吃。但三文鱼、大马哈鱼、金枪鱼、海鲈鱼、鳕鱼、带鱼等作为异尖线虫的中间宿主，其体内感染的异尖线虫如果进入食用者体内，虽然无法再发育为成虫，但其幼虫对人体的伤害也不容忽视。大量活虫进入人体造成的急性异尖线虫病虽然少见，但并非罕见，曾有报道称，研究人员在一条鳕鱼身上分离出800多条异尖线虫幼虫。而过敏性异尖线虫病的发生率则高出很多，对人体造成的危害也更为严重。

而蛙和蛇作为常见的被食用野生动物，则是某些迭宫绦虫最喜爱的中间宿主。有新闻表明甚至在一条蛇身上发现了150多只迭宫绦虫的中绦期幼虫[3]。当然，养殖的动物也可能存在这个问题，不过至少在有人工介入的情况下，寄生虫感染会得到有效控制。

另外，野生动物携带的病毒也可能经由密切接触或被食用而感染人类，譬如曾引发大家恐慌的 H9N7 禽流感病毒，2003 年引起非典疫情的 SARS 病毒，科学家经过追踪发现它们很有可能来源于野生动物[4]。

即使对野生动物进行极度彻底的烹煮，彻底杀灭病菌与寄生虫，食客们还必须面临下一个风险——毒物富集作用。即在自然界中，污染物如重金属通过较低营养级生物进入生物链，传递到营养级较高的生物，导致营养级越高的生物，其体内无法分解代谢的有害物质堆积越多，且重金属无法有效去除。许多人热衷的野生鲨鱼、石斑鱼、各种食肉动物，都是富集作用严重的生物，并且富集的重金属随着体重和年龄的增长而增加[5]，因此，食用这些野生动物，也意味着接管它们蓄积了一生的重金属。

目前，中国允许梅花鹿、北极狐、野猪、非洲鸵鸟等54 种野生动物在取得人工驯养繁育许可后[6]，进行人工驯养繁殖，并且用于商业用途[7]，这是对野生动物利用的一大步，经过审批检疫后进入市场的野生动物可以在最大程度上规避其带来的健康风险。不过从现有的情况来看，合法商用野生动物的市场依旧不容乐观，也许是因为经过人工驯养繁殖后的野生动物听上去不是那么"尊贵"，人们对"纯野生"动物的追逐，导致现在贩卖野生蛇类的情况仍然存在[8]。

被误读的养殖业

青睐野生动物的另一个重要原因，就是人们对养殖业有一些误解。提到养殖业，许多人的第一印象是用"激素""抗生素"喂养的动物，因此觉得养殖的动物会对人体健康造成不良影响。

提到养殖业与激素，首当其冲的就是水产养殖和鸡肉。最早称水产养殖采用避孕药的是 1998 年的《成都商报》，该报报道称：重庆一养殖户向记者报料，其在黄鳝饲料中添加避孕药，使黄鳝长得又肥又大。事实上，黄鳝是一种具性逆转特性的生物，雄性体型较大，而避孕药大部分为雌激素，黄鳝摄入雌激素后会转为雌性，这毫无疑问是件得不偿失的事。后来又演变出"避孕药养虾""避孕药养蟹"之类的谣言[9]。但真实情况是，虾蟹对激素水平极其敏感，若喂食避孕药稍有不慎就可能引起大面积死亡。养殖户不太可能做这种提高成本减少收益的事。

至于"激素养殖"导致儿童性早熟的问题，同样是个谣言。以鸡为例，现在我们吃的肉鸡正是通过无数次的杂交育种和极为严格的饲养方法带来的产物，肉鸡的品种就决定了其极快的生长速度，无需激素助长。根据 2005 年修订的《商品肉鸡生产技术规程》，肉鸡在 6 周龄（42 天）的体重指标为 2.42 千克[10]，这个行业标准在许多消费者眼里似乎是有点疯狂，但这是科技带来的实惠，否则，我们会处在一个只有少数人能吃得起鸡肉的社会。

　　而《饲料和饲料添加剂管理条例》和《兽药管理条例》更是明文禁止使用激素饲养[11]，因此，在正规合法的养殖场，所谓的"激素养殖"存在的可能性很小。

　　但人工饲养的动物还有个问题，那就是抗生素残留。不过，要谈抗生素残留的安全问题，必须要看其残留剂量。《中华人民共和国农业部第235号公告》中详细规定了各种兽药在养殖动物身上的安全残留标准，只要在规定限量以内，就是可以放心食用的[12]。

　　食用野生动物的问题不仅仅在于"食品安全"的问题上，更重要的一点在于生态保护上，虽然地球上每年都有因为不能适应环境而灭绝的动物，但是，更多野生动物是由于人类捕杀而濒临灭绝的，今天的野味，明天也许就成为博物馆里的拉丁文名字[13]。

　　结论：谣言破解。野生动物在营养价值方面并不比养殖动物更高，反而有较高的食用风险，而养殖的动物在兽药残留标准下是可以放心食用的，因此，个人认为与其冒健康风险去破坏生态，还不如选择更安全、廉价的养殖动物。

参考资料：

[1]云无心.你想吃什么样的鸡肉.

[2]张竹青，李正友，胡世然，等.人工养殖泥鳅含肉率及肌肉营养成分分析.贵州农业科学，2010.

［3］大王蛇身藏 150 条寄生虫，侵人体可致多种疾病．

［4］青蛙与野蛇险成盘中餐，3 家餐馆违法经营野生动物被查处．

［5］WANG M，et al. SARS-CoV infection in a restaurant from palm civet. Emerg Infect Dis，2005.

［6］Stephen de Mora，Scott W Fowler，Eric Wyse，et al. Distribution of heavy metals in marine bivalves，fish and coastal sediments in the Gulf and Gulf of Oman. Marine Pollution Bulletin，2004.

［7］商业性经营利用驯养繁殖技术成熟的陆生野生动物名单．

［8］国家林业局．关于促进野生动植物可持续发展的指导意见．

［9］黄鳝果真是用避孕药催肥的吗？

［10］商品肉鸡生产技术规程．

［11］饲料和饲料添加剂管理条例及兽药管理条例．

［12］中华人民共和国农业部第 235 号公告．

［13］Hangdong JIANG，Lin CHEN，Fenqi HE. Preliminary assessment on the current knowledge of the Chinese Crested Tern（Sterna bernsteini）. Chinese Birds，2010.

甜玉米是转基因玉米吗？

连博连博

流言："甜玉米是真正的转基因食品！在美国这种玉米是只能用来喂动物，不能给人吃的！"

❧ 真相 ❧

我们吃的玉米粒从植物学角度可以分为果（种）皮、胚乳和胚三个部分，影响玉米甜度的关键因素就在玉米的胚乳中。玉米在成熟过程中会通过光合作用产生葡萄糖，并把储存能量的糖类物质运输到胚乳，以淀粉的形式储存起来。尽管在化学上淀粉是单糖的聚合物，但它本身吃起来可没有甜味。我们吃的普通玉米味道不甜，口感粉粉的，就是这个原因。

与众不同自有原因

甜玉米的不同之处在于，它的胚乳中可不只有淀粉，还有相对含量很高的蔗糖、果糖、葡萄糖和水溶性多糖，赋予其不同于普通玉米的甜味和风味。因为在甜玉米控制淀粉合成的一系列基因中，有一个或几个基因发生了自然的突变，处于纯合隐性状态，切断了部分还原性糖向淀粉转化的过程。这点"小缺陷"反而促成了甜玉米可口的味道。[1]

如此"与众不同"的甜玉米是怎么得到的呢？与很多人想当然以为的不一样，甜玉米并不是最近才有的新作物，它的真正起源时间虽然无法考究，但有文献记载的最早的甜玉米品种是 1779 年欧洲殖民者从美洲易洛魁人那里收集到的 Papoon 玉米[2]，据此可以肯定甜玉米的出现时间还要更早。要知道，那时候可压根还没有转基因这一说。

现在的甜玉米品种虽然和几百年前的不完全相同，但它同样不是转基因的产物，而是在自然突变的甜玉米品种的基础之上，通过传统育种技术——选育自交系、组配杂交种的办法培育出的新的甜玉米品种。

最近几年，与甜玉米有关的几个基因序列和与其关联的分子标记都已经被找到，育种家还可以依靠分子标记辅助选择技术来加快育种进程①。此外，利用花药组织培养技术来加快隐性基因的纯合进程的选育方法，也开始受到育种家的重视[3]。这些育种技术并没有涉及到单个或少数几个结构和功能已知的目的基因的插入，也没有对基因进行修饰、敲

①　生物中的遗传标记包括形态标记、生化标记、分子（DNA）标记三类。分子标记本身不具有功能，但与功能基因连锁，借助对分子标记的鉴定，可以直接分析作物的基因型，更有效地在育种过程中对个体进行选择。这种技术被称为分子标记辅助选择（MAS）。

除、屏蔽等的改变（这些是我们常说的转基因技术手段）。通过这些方法培育出来的甜玉米都不是转基因玉米。很多人因为甜玉米的甜味不同于普通玉米，就认为甜玉米是转基因技术培育的，实在是低估了玉米自己的基因突变。

甜并非来自于转基因

尽管甜玉米是传统育种技术的产物，不过，通过转基因技术导入抗虫、抗除草剂等性状，可以提高甜玉米在田间的适应性，以此提高甜玉米的产量、减少农药喷洒对环境的危害、降低农民田间管理的劳作强度。这样培育出的甜玉米也就成了"转基因甜玉米"，尽管其甜的性状与转基因技术无关。

目前的转基因甜玉米主要是转 Bt 甜玉米。Bt 是苏云金芽孢杆菌（Bacillus thuringiens）的缩写，它产生的一类 Cry 蛋白可以有针对性地杀死玉米螟等害虫，减少田间农药的喷洒[4]。第一个成功开发出来的转基因甜玉米是瑞士的先正达公司培育的 Bt-11 甜玉米，这个品种不仅在美国、加拿大、阿根廷等国家得到了商业化种植，在对转基因食品更加审慎的欧盟也被允许用作食物和饲料[5]。

满大街都是转基因甜玉米吗？

虽然转基因甜玉米被世界上很多国家所接受，但中国尚未批准这类转基因玉米的商业化种植，所以我们其实是不大可能在市面上买到转基因甜玉米的。现在中国政府发放了农业转基因生物安全证书①的转基因作物包括转基因抗虫棉、耐贮藏番茄、改变花色矮牵牛花、抗病毒甜椒、抗病毒番木瓜、抗虫水稻、转植酸酶玉米等。这里说的转植酸酶玉米是一种用作饲料的玉米，与用于鲜食的甜玉米没有关系。除此以外，中国还准许进口转基因棉花、大豆、玉米、油菜，但除了棉花，其余的都只被允许用做原料加工。[6]

总的来说，在转基因玉米还没有产业化种植的今天的中国，在火车站门口就能轻易买到转基因甜玉米基本是不可能的事情。当然，我们并不能排除转基因玉米在研究过程中非法流入市场的情形。要完全保障消费者对包括转基因甜玉米在内的转基因食品的知情权，还有待农业部等有关部门加强管理体系的建设和监管。

回到流言中对转基因甜玉米在美国的遭遇的描述，这其实是对甜玉米莫大的"冤枉"。在美国，甜玉米被当作一种蔬菜，而转 Bt 甜玉米甚至是唯一一种在市面上销售的转 Bt 蔬菜。在美国费城地区开展的一项调查中，研究人员将转基因甜玉米和普通甜玉米做好标识，一起放在商店里供人们选购，结果发现转基因甜玉米占到了销售量的 45%，只有

---

① 根据中国《农业转基因生物安全管理条例》等法律规定，农业转基因生物安全证书是在从事农业转基因生物实验的单位在生产性实验结束后，经国务院农业行政主管部门进行安全评估合格后颁发的证书。拥有农业转基因生物安全证书并不意味着这种作物就可以商业化种植，还要经过一系列严格审核后才能正式进入市场。

16％的消费者表示购买甜玉米时受到了转基因标识的影响。可以看出，美国人绝非只把转基因甜玉米用来喂动物，而且他们中的大多数人并不排斥这种使用生物技术培育的食物。[7]

结论：谣言粉碎。甜玉米是传统育种技术的产物，和转基因技术没关系。当然，经过转基因技术改造，以增强抗虫抗除草剂特性的甜玉米确实有，但是并没有被批准在中国种植。目前我们在国内买到的甜玉米不大可能是转基因甜玉米。另外，在美国，转基因甜玉米并不是用来喂动物的，美国人也愿意并实实在在地在吃它。

当遇到平时不多见的农作物时，很多人会把它与转基因联系起来。其实从生命第一次出现，到形成现在这样生机勃勃的世界，进化赋予了生物异常丰富的多样性，我们人类平时所利用的只是其中很小一部分。那些新奇的作物，很可能就是来自于一种过去没有被开发的物种，而将那些新奇的性状与传统作物相结合的方法也不只有转基因一种，传统育种方法同样可以获得不同寻常的食物。

参考资料：

[1]郝小琴. 甜、糯玉米育种研究概况. 广西农业生物科学，2000.

[2]Home and Market Garden Sweet Corn Production，Guide H-233.

[3]杨泉女，王蕴波. 甜玉米胚乳突变基因的研究进展及其在育种中

应用的策略. 分子植物育种, 2005.

[4]Romeis, Michael Meissle, Franz Bigler. Transgenic crops expressing Bacillus thuringiensis toxins and biological control. NATURE BIOTECHNOLOGY, 2006.

[5]王莹, 胡建广, 李余良, 刘建华, 李高科. 生物新技术在甜玉米育种中的应用研究进展. 中国农学通报, 2006.

[6]农业部农业转基因生物安全管理办公室, 等. 转基因30年实践: 第二版. 中国农业科学技术出版社, 2012.

[7] Anthony M, Shelton G M. Genetically engineered vegetables expressing proteins from Bacillus thuringiensis for insect resistance: Successes, disappointments, challenges and ways to moveforward. Crops and Food: Biotechnology in Agriculture and the Food Chain, 2012.

[8]刘忠松, 罗赫荣. 现代植物育种学. 科学出版社, 2010.

[9]关于转基因生物安全证书发放是否等同于允许商业化生产?

不能留种的作物都是转基因的吗？

连博连博

流言："不能留种的种子都是转基因的，转基因种子都是不育的。农民千百年来都自己留种，不能留种是对农民的剥削。"

✎✎ 真相 ✎✎

好的种子意味着长出来的作物抗虫抗病抗旱抗涝性强、产量高，育种产业的核心就是如何选育出拥有优良性状的种子。目前世界上很多优良作物品种都是通过杂交育种的方式培育出来的，这些杂交种子有一个很显著的特点，就是它们的后代不适合再次投入生产中，也就是常说的"不能留种"。有人说这样就剥夺了农民的种子主权，还有人将其与转基因技术联系了起来。这真的是种子公司的阴谋吗？和转基因技术又有什么关系呢？

我们先来了解一下杂种优势有关的知识吧。

杂种优势及杂种优势利用

为什么要采用杂交育种呢？最重要的原因是杂交育种可

以产生杂种优势。杂种优势是指两个基因型不同的亲本杂交以后得到的后代优于亲本的现象。何谓亲本？你的父母就是你的亲本，而你是他们的子一代。这里所说的优于亲本并不是说杂交后代各方面都比亲本好，也不是指杂交后代一定会有满足人类需要的性状，杂交后代优势的表现还需要结合具体器官的具体性状来分析。因为杂交后代有这样的特性，人类在农业生产中广泛开展着杂种优势利用的实践。

与一般的科学技术发展"先理论、后应用"不同，杂种优势是在经过人类漫长的应用之后才开始由科学家开始研究其机理的。比如马和驴杂交的后代骡子，有马的力气和驴的耐力，在 1400 多年前的中国古籍中就有记载某杂种优势，人类利用杂种优势的历史显然要比这更早。在西方，孟德尔和达尔文都曾在其各自的著作中提到了杂交后代具有优势的现象。现代科学尽管对杂种优势开展了长时间的研究，仍旧没有对这一现象机理做出全面阐述。比较主要的假说有显性假说、超显性假说、上位性假说和基因组互作假说等。由于不同的作物中杂种优势表现非常不同，我们有理由相信杂种优势的机理在不同物种中是不尽相同的。

现代人类在农作物上应用杂种优势最成功的案例无疑是杂交玉米。玉米除了有杂交优势，还有比较明显的近交衰退，和杂种优势正好相反，亲本基因型越相近，玉米越弱小，产量也越低。早期的杂交玉米生产中受制于玉米自交系（由单株玉米连续自交多代，经过选择而产生的基因型相对纯合的后代）的产量比较低，主要采用双交种——四个自交系亲本两两组合产生子一代后再杂交获得的种子。现在的杂交玉米基本都是单交种——两个自交系组合产生的子一代，目前中国单交种玉米的播种面积已经占到了全国总播种面积的 90％ 以上。其他诸如小麦、水稻、高粱、棉花等作物也有很重要的杂种优势利用研究和推广。

为什么杂交种子不能留种

作物能否留种只取决于育种的方式，和转基因技术没有关系。使用了杂交技术、利用了杂种优势的种子就不适合留种。这是为什么呢？我们通过回顾遗传学的开创者孟德尔的豌豆实验来细究一下。

豌豆作为一种自花授粉的植物，亲代可以被认为是纯合子，意味着两对染色体上的基因型是相同的。在孟德尔实验中经过一次杂交以后的种子（即子一代）的性状是一样的，但是如果子一代再自交一次（得到子二代），其后代就会出现明显的性状分离。在孟德尔实验中，把一株黄种皮豌豆和一株绿种皮豌豆杂交后，得到的子一代种子都是黄色的。但是让这个子一代的黄种皮豌豆自花授粉产生的子二代，就出现了黄色和绿色两种颜色的种皮。这种现象，就叫做性状分离。

在农业生产中，这就好比种植了杂交玉米的农民留下了玉米的种子，第二年再次种植，会发现产量远不如第一年而且抗病虫害能力也会下降，这都是由于杂种优势的消失以及性状分离。而且通过计算，在遗传学上，自交代数越多，后代中不同基因型组合的纯合个体也就越多。在实际育种过程中涉及的作物遗传内容更加复杂，农业生产上如果利用了杂交种再对杂交后代进行留种的话，作物整齐度会显著下降，纯合后代个体增加的结果是无法继续利用杂种优势，这样也就达不到现代化生产的要求了。

我们还可以结合一个中国在杂种优势利用方面最有名的例子，就是袁隆平院士团队研究出的杂交水稻。水稻是一种自花授粉的植物，人们做水稻杂交时面临一个很大问题就是水稻的花特别小，无法大量开展去雄、授粉的工作。如果能有一种水稻天生就是雄性不育，那么就可以大大降低去雄授粉的劳动强度。中学《语文》课本里杂交水稻的故事里有一个细节：袁隆平的团队在海南发现了一株"野败"水稻，大喜过望。这个野败就是雄性不育的水稻。袁隆平团队利用了水稻由细胞质和细胞核基因相互作用而产生雄性不育性状这一特性，开发出了一种优良的雄性不育系，这种方法被称为三系制种法。

所谓三系，指的是保持系、雄性不育系和恢复系。保持系能使母本结籽，又能保持原有自交系的性状。恢复系的花粉授予不育系后，能使不育系的后代恢复正常，开花结籽。能得到水稻杂交种，并且一直保持不育系的不育性，可以不断用于制种。

如果将得到的杂交种（S）Rfrf 留种再用于生产的话，除了上面提到过的性状分离的问题以外，得到的后代里甚至会有不育的（S）rfrf 型。这样做肯定是得不偿失的。

三系制种法是比较早期采用的杂交水稻制种法，随着科学研究的深入，目前开发出了光温诱导雄性不育系的二系制种法，在合理利用环境条件前提下简化了制种步骤。

杂交育种和转基因种子

上面说了很多与杂种优势、杂交种子有关的事情，那么到底不能留种和转基因种子有什么关系呢？可以说，两者基本没什么关系。不能留种的种子不一定是转基因种子，转基因种子也不一定不能留种。

现在中国存在的转基因种子很多都是转基因作物之间或与常规品种杂交得到的。比如转基因抗虫棉中棉所 51，其母本是丰产优质转基因抗虫棉中棉所 41 选系 971201，父本是综合性状较好的棕色彩色棉 RILB263102。这样做的原因是一般不会利用转基因技术直接将目的基因导入到已经大面积推广的品种中去，而是利用转基因技术创造出新的种质资源，通过杂交育种的手段尽可能地将多个品种的优良性状集中到一个新的杂种材料里，这样可以更好地培育出新的综合性状优良的品种。

正是因为转基因种子往往会经过杂交育种这一步，"不能留种"在一些不明就里的人眼中成了种子是转基因的"罪证"。现在我们可以知道，能否留种和是否转基因之间是不能画等号的，要想确定一种作物是否转基因品种，最好的办法还是拿到专业检测机构进行分子检测，用能否留种或者各种流传的观察外观等方法都是不靠谱的。

还有一种看起来很有道理的将不能留种与转基因联系起来的说法，是关于"终结者基因"的。这是由美国农业部和岱字棉公司开发的一种基因，含有这种基因的种子长成的植物仍然会结种，但是新一代种子将无法发芽。这种技术非常具有争议性，正是由于争议很大，目前还没有人将这项技术应用于生产实践，因此拿这个说法来指责转基因种子不能留种同样是不靠谱的。

从技术上来说，转基因种子留种是完全可能的，因为转基因技术导入的新性状属于显性性状，耗时耗力地对杂种的后代进行选择也可能获得符合要求的种子。但是一旦种子同时也利用了杂种优势，从保持高产的角度来说，留种就不现实，因为后代会性状分离。没有利用杂种优势的种子，由于研发转基因种子往往投入了大量的财力人力，在美国、加拿大等大量种植转基因作物的国家，种子公司会要求农民购买种子时签订协议不要留种。这样做，看起来是逼迫农民不断地向种子公司购买新种子，但实际上，这是保护知识产权的重要措施，也是促进种子研发行业不断开发新品种的动力。

如果种子行业有足够的竞争，让种子的价格不会过于昂贵，每年购买种子并不是对农民的剥削，而是免除了农民每年留种的负担，且可以每年获得优质的种子。相反，不给种子行业创造一个良好的竞争环境，不支持制种行业的发展，放着已有的技术不用，强迫农民年复一年地留用低产的种子，才是对农民的剥削。

结论：不是不能留种的种子都是转基因种子，而是利用了杂交优势的种子不适合留种。转基因种子的判断要依靠分子检测等科学的办法，无法通过简单观察就能做到。杂交育种在农业生产上不仅极大提高了粮食产量，还促进了整个种子行业的发展。转基因育种在备受争议的同时还是为全世界的农民提供各种各样的实惠。当遇到关于此类问题言之凿凿的"定罪言论"时，不妨擦亮双眼，用一些基本的生物学知识考察一下其中是否有诈。

参考资料：

[1]孙其信. 作物育种学. 高等教育出版社，2011.

[2]Hikmet BUDAK，KSU J. Understanding of Heterosis. Science and Engineering，2002.

[3]袁隆平. 中国的杂交水稻. 杂交水稻，1986.

[4]中国农业科学院棉花研究所网站：中棉所 51 棉花品种.

[5]维基百科：终结者基因.

如何看待黑龙江大豆协会
对于转基因大豆的指责？

风飞雪

流言：黑龙江大豆协会一位负责人引用了 2013 年年初由中国肿瘤登记中心发布的《2012 中国肿瘤登记年报》的数据，称转基因大豆油的消费与一些省份的癌症发生具有相关性。此外这位负责人还提到来自于转基因大豆的维生素 E "很可能有极大的健康威胁"。

真相

毋庸置疑，关于粮食安全的讨论中，转基因问题是热度最高的。2013 年 6 月初，新华社报道了农业部批准进口来自巴西和阿根廷的三种转基因大豆。消息一出，随即在网上掀起了又一轮关于转基因作物安全性的辩论。两周之后，涉及流言的一篇《转基因大豆与肿瘤和不孕不育高度相关》的报道（简称《转》）又开始在网上传播，为先前辩论的烈火又浇上了一瓢热油[1]。事实真的如此么？

流言中打不死的小强

"食用转基因大豆致癌"这个说法在数年前就开始流行。在《转》文中，不出意外地引用了 2012 年 9 月法国凯恩大学的塞拉利尼（Seralini）等人发表于《食品与化学毒物学》杂志上的关于饲喂小鼠转基因玉米及含有除草剂农达饲料的报道。为何说"不出意外"呢？因为一些对转基因持反对态度的团体或个人，在谈及转基因作物的安全性，必举这个例子。然而，这项研究的结果一经发布就遭受整个生物及农业科学界的一致质疑。科学界多个研究机构和科研人员均指出该研究在实验设计、实验方法、结果统计等诸多方面存在严重缺陷，所得的研究结果并不可靠。而在对待转基因作物态度历来严谨的欧洲，负责为欧盟决策者提供食品安全决策科学依据的欧洲食品安全局（EFSA），也于数月后依次发布了初审和终审意见，认为没有充分的证据支持其研究结论。

关于法国学者研究的讨论和质疑，已经进行过很多了（法国权威部门否定了法国学者关于转基因玉米有害的研究），这里不做敷述。在《转》文中，大豆协会负责人举了一个更加贴近我们国内生活的"证据"，即《2012 中国肿瘤登记年报》的数据。该负责人称，河南、河北、上海、广东、福建等地，是消费转基因大豆油较多的区域，而这些区域同时也是肿瘤发病集中区，黑龙江、辽宁、浙江、山东、湖北等地基本不以消费转基因大豆油为主，不是肿瘤发病集中区域。并且特别说明山东由于多食用花生油，使得其胃癌发病率低于相邻的江苏。因此，该负责人说道："致癌原因可能与转基因大豆油消费有极大相关性。"

乍看上去，似乎食用转基因大豆油的确会造成癌症的高发，然而细究一下，事实上并不是那么回事。

首先，我们从各省的癌症统计数据本身来看。这位负责人提出消费转基因大豆油较多的河南、河北、上海、广东、福建等地癌症发病率更高。但是分析各省内肿瘤登记点数据可以发现，同一省内不同登记点的数据差异是十分巨大的[2]。例如广东省内的两个肿瘤登记点广州市和中山市，前者恶性肿瘤总发病率高达 332.73（单位为每 10 万人，下同），而后者则仅为 199.88；河南唯一登记点林州市，恶性肿瘤发病率则低至 197.99。而作为"因为转基因豆油消费量少而发病率低"的辽宁，虽然沈阳、本溪、鞍山三地的恶性肿瘤发病率处于 228.36～267.97 之间，略低于全国平均水平（273.66），但大连市的恶性肿瘤发病率则达到 363.26。此外该负责人还认为"山东由于多食用花生油使得其胃癌发病率低于相邻的江苏"。从统计数据来看，位于山东的两个肿瘤登记点（临朐县和肥城市）显示其胃癌发病率（分别为 43.09 和 43.88，）的确高于位于江苏的一些登记点数据，但仍高于全国均值（35.02）和 3 个江苏登记点（淮安、启东和海门）。此外值得注意的是，山东有两地胃癌的死亡率反而高于多数江苏地区，而中国医学科学院肿瘤医院乔友林课题组的报道也显示，事实上山东有着更严重的胃癌发生情况[3]。

　　其次，这位负责人是从各省间消费量的角度来进行判断的。然而，这种评判方式并不合理。由于各省人口数量的差异，食用油消费量本身就具有差异，因此不能单纯使用转基因豆油消费量作为判断依据，而应以转基因豆油所占总食用油的消费比例进行判断。中国幅员辽阔，即使在一省之内，由于农业环境、经济环境和生活环境的巨大差异，转基因大豆油的消费比例并不相同。由于中国不允许种植转基因大豆，转基因大豆油均为国外进口大豆压榨而成，多为品牌食用油，因此在城市市场占有份额较高；而农村市场则由于本地油料作物种植和消费成本影响，自榨豆油、菜籽油、花生油以及茶籽油等的市场份额和消费比例相对城市更高。从这一方面来说，转基因大豆油消费比例的城乡差异大于省际差异。而根据中国 2009 年的统计数据，城市人口中泌尿系统、甲状腺等部位的恶性肿瘤发病率显著高于农村地区，而农村地区的食管癌、胃癌和肝癌发病率则高于城市地区[4]。巧合的是，后三种恶性肿瘤恰好是大豆协会负责人判断"转基因豆油致癌"的癌种。若按照这位负责人的判断方式，本应是消费转基因豆油比例更高的城市人口具有更高的食管癌、胃癌和肝癌发病率，这显然与肿瘤调查结果不符。

　　最后，"癌症高发"和"消费转基因大豆油"二者间能够建立因果关系吗？事实上，癌症发生的因素多种多样。饮食习惯、作息习惯等生活因素，水体、空气、土壤等环境因素，以及医疗水平和老龄化等社会因素，都是影响癌症发病率的重要方面。就上面提到的 3 个癌种来说，食管癌的发生和吸烟、经常食用腌晒食物、新鲜蔬菜水果摄入不足、常食用过热食物以及家族史等因素有关[5]，胃癌的发生则与吸烟、经常食用高盐和腌制食物、饮酒过度以及幽门螺杆菌感染等相关[6]，而肝癌则与饮酒过度、肝炎病毒感染及摄入环境毒素（典型如黄曲霉素）等相关[7]。

不同地区的癌症发病率和常见癌种的不同，是由于这些地区的环境因素、生活因素及遗传因素等不同而共同造成的。分析某一癌症发生原因应做因素权重分析，而不应笼统地归结到单一因素之上。例如，同样是增加肝癌风险，沿海地区多是由于较为湿润的气候，使得肝炎病毒更易传播，食物也有更大概率受到黄曲霉污染；而辽宁等东北地区则多因饮酒过多导致的脂肪肝和肝硬化。同样是增加胃癌风险，山东一带多因饮酒，而江苏、福建等地则多因腌制食品摄入过多。一些地区自榨的非转基因食用油，尤其是花生油，由于多有黄曲霉素污染，大大增加了食用者患肝癌的风险[8]。

到目前为止，没有任何被学术界认可的摄入商业化转基因作物导致实验动物或人类患肿瘤的报道。况且，中国近年来癌症发病率呈上升趋势的重要因素是环境污染、社会人口老龄化加快以及医疗检测水平的进步。这些都会造成统计的癌症发病率上升。作为对比的是，环境污染治理良好、社会年龄结构更为稳定、医疗水平较高的美国，同时也是种植和食用转基因大豆比例最高的国家之一，从转基因大豆开始推广的 1996 年到现在，其癌症发病率和死亡率并没有随着转基因食品的摄入而发生显著变化，个别癌种甚至还有下降趋势[9]。可见，食用转基因大豆以及其他转基因食品，对于癌症发病率并没有贡献。

综上所述，我们可以看到，"食用转基因大豆油"和"癌症高发"二者间，并不存在因果关系，甚至连相关性都可视作不存在。无论是从统计数据还是从癌症发病因素分析看，都无法得出"致癌原因与转基因大豆油消费有极大相关性"的结论。

维生素 E 躺着也中枪

"吃转基因三代不育"可以说是反对转基因食品中传播最为广泛、效果也最为耸人听闻的一句流言。这条流言的产生和大范围传播，来源于 2010 年 4 月俄罗斯的一个电台网站上的一篇文章《俄罗斯科学家证实转基因食物是有害的》。文中写到俄罗斯研究人员亚历克赛·苏罗夫（Alexey Surov）发布研究结果称食用转基因大豆的仓鼠，其后代相比对照组在生长速度和性成熟速度上都要慢，并且部分仓鼠失去了生育能力；此外，第三代的仓鼠中发现了嘴里长毛的畸形。可见"吃转基因三代不育"这句流言中"转基因""三代""不育"三个关键词都来自这则报道。不过，这篇报道并非来自经过同行评议后发表的论文，而是研究者单方面向媒体透露的所谓"结论"。而这一结果，也被学术界广泛质疑和否认。更要命的是，亚历克赛·苏罗夫所在的研究所称并没有任何研究简报或新闻表明亚历克赛·苏罗夫博士曾写过这样的信息。于是，此事便成了无头公案，这个结论的可信度便无从谈起了。

不过就是这么一个可以称得上是闹剧的事件，并不妨碍它被各个反对转基因的组织，以及黑龙江大豆协会，作为转基因大豆导致不育的证据来使用。并且，大豆协会还谈到了新的方面，这位负责人称："（大豆油）里面的成分维生素 E，又称生育酚，对人体最重要的作用就是生殖，如此重要的人体必需营养物质，若来自于转基因产品，很可能有极大的健康威胁。"

这位负责人前半句话是正确的。维生素 E 是一类只在植物体内通过光合作用合成的维生素类物质。在最初的研究中，人们发现使用酸败的植物油饲喂老鼠，会导致其生殖障碍，经检测发现是维生素 E 摄入不足，因此维生素 E 又有一个俗称：生育酚。维生素 E 分为两个大类，生育酚和三烯生育酚，每类各 4 个成员。前者依照取代基及活性的不同，依次编号为 α、β、γ 和 δ。维生素 E 易溶于油脂，因此大豆油是维生素 E 在膳食中最为主要的来源之一。虽然维生素 E 对于生育有着重要影响，但其更为重要的功能，是作为抗氧化剂清除细胞活动产生的自由基，从而稳定细胞膜。维生素 E 同时对于提高免疫功能、维护心血管功能等有着重要的作用[10]。因此说，维生素 E 是一类多能、重要的维生素。

　　然而，这位负责人后半句话则有问题了。因为他并没有说明为何认为来自转基因大豆油的维生素 E，就可能有极大的健康威胁。那么我们来分析下：

　　一种情况是，他认为来自转基因大豆的维生素 E 的质可能发生了变化，从而不能发挥作用。我们知道，生物体内任何物质的合成，都受到一系列酶的催化，最终获得其产物。维生素 E 也不例外。然而对于转基因大豆来说，转入的基因是抗虫或抗除草剂基因，其表达产物是昆虫肠道细胞表面受体结合蛋白或除草剂修饰酶等。由于酶的特异性，这些表达产物并不参与维生素 E 合成通路。同时，也没有证据表明，这两类转基因表达产物可以对植物体其他基因的表达造成影响。因此说，转基因大豆中合成的维生素 E 仍是原来的维生素 E，不会有其他变化。这就如同一个工厂新引入一条新生产线来生产新的产品，是不会影响其他原先产品的生产的。

　　另一种情况是，是否转基因大豆油中的维生素 E 发生了量的变化，因含量下降而使人体不能获得足够的维生素 E 了呢？答案是否定的。大豆中维生素 E 的含量和构成，是由大豆品种本身性质和种植环境决定的，而正如前面所说，转入抗虫或抗除草剂基因，是不会对其本身维生素 E 的合成造成影响的。对不同来源大豆中维生素 E 含量的测定表明，进口自美国的转基因大豆，以及来自黄淮和东北的本土大豆相比，总维生素 E 平均含量分别为每 100 克 152.4 毫克、每

100 克 145.6 毫克和每 100 克 137.7 毫克[11]，可见转基因大豆中的维生素 E 含量甚至高于国产大豆。当然，这部分归功于转基因大豆较高的出油率。但即使通过出油率差异进行校正，转基因大豆中的维生素 E 含量仍与国产大豆相当。对比另一组数据可以看到，菜籽油中，总维生素 E 含量约为每 100 克 100 毫克[12]，玉米油中约为每 100 克 70 毫克[13]，可见转基因大豆油中的维生素 E 含量高于菜籽油和玉米油。对于长期食用菜籽油的中国南方人口来说都没有出现生育力下降，食用转基因豆油又会有什么影响呢？

从上面的数据可以看出，转基因大豆油中的维生素 E，无论从质还是量上都可以和非转基因大豆油及其他食用油相媲美，因此，得出"维生素 E 若来自于转基因产品，很可能有极大的健康威胁"的结论是不负责任的说法。

生育是中国传统文化中非常重视的环节，因此人们对于生育问题格外关注。而一些组织和个人，为了达到反对转基因食品的目的，不惜以不靠谱的证据和谎言，肆意为转基因食品扣上"影响生育"的帽子。然而，只需仔细想想就会明白，即使不考虑人的食用，以利用转基因作物生产的饲料为食的家禽家畜，从转基因推广开始到现在，已经不知繁育了多少代了，而它们依旧繁殖力强劲。转基因绝育之说，不攻自破。

科学与利益

食用转基因食品是否会对人体健康造成危害，这本身是一个科学问题。经过十余年的研究和讨论，学术界的主流观点，是认为商业化的转基因食品和传统食品没有安全性上的差异。自从 2000 年《支持农业生物技术》发表到现在，已经获得全世界各地超过 3400 名科学家的签名支持，其中包括 25 名诺贝尔奖获得者，以及医学、生物学等学科的顶尖科学家[14]。随着转基因作物的研发和推广，以及民众科学素养的提高，"转基因食物是安全的"这一理念也日渐成为科学界和民众的主流意见。美国加州全民公投否决对转基因食品进行特别标示，正是这一潮流的体现方面[15]。

然而，一些组织和个人，利用中国人口科学素养和市场监管较差的现状，无视世界潮流，以"转基因食品安全性存在争议"为幌子，使用不被科学界接受的结果或进行倾向性的断章取义，制造"转基因食品具有极大安全隐患"的假象。更有甚者直接捏造事实，将安全性评价这一科学问题混杂为政治问题或阴谋论，妖魔化转基因食品，在民众中制造对于转基因食品的恐慌。一个阴谋论的论点是，对转基因作物和食品的支持，是暗中接受若干转基因作物生产企业的资助所致。事实上，这是对科研工作的无知和污蔑。对于高校和公办科研机构来说，企业资助固然是研究单位资金来源的组成部分，然而政府拨款仍为主体。以美国为例，联邦政府和州政府的拨款占到研究机构资金来源的 60% 以上[16]。另一方面，科研成果的发表需要经过同行评议，在发表后也要接受同行审查。企业可以操纵某几个实验室或研究人员，但无法操纵整个科学界。因此可以说，被科学界广泛接受的结论，是不会因企业的利诱而不顾事实的。然而，对于这次黑龙江大豆协会所提出的"结论"，则有很大的问题。

黑龙江省大豆协会，是大豆生产、加工、流通、研究等领域人员自愿组成的行业组织，并非专业科研机构。其业务范围内涉及转基因大豆的，只有"宣传国产非转基因大豆的优势，倡议建立非转基因大豆保护区，实施标识认证制度，保护我省非转基因大豆资源，提升非转基因大豆品牌价值及其在国内外市场的竞争力"，本身并不包括针对转基因大豆安全性的检测和评价。该单位仅凭自己的"感觉"推测，不经求证和评估就向公众发布"转基因大豆与肿瘤高度相关"的报道，是一种极不负责、极具误导性的行为。

此外，该协会的一些表态[17]，表现出对转基因技术和产业的无知。例如，该协会表示"查询了不少转基因大豆的资料包括国家批复的文件，并没有提到转基因大豆里面加入出油率高这个基因""转基因大豆并不增产"。其实稍微了解转基因产业的人都知道，目前广泛种植的转基因大豆，转入的不是提高出油率或提高产量的基因，而是抗虫及抗除草剂基因。这些转基因大豆的主要目的并非在于增产，而是依靠抗虫和抗除草剂的特性，较少农药使用和人力成本，达到降低生产成本的目的。而成本的降低，则直接提高了其产品在国际市场的竞争力。事实上，转基因大豆产量高和出油率高的特性，直接来源于其非转基因母本。而从这个角度我们可以看到，即使在传统育种上的水平，中国和发达国家还存在差距。又如，该协会表示市场上"豆制品无一标注转基因"，并暗示市场上豆制品多为转基因大豆制成。然而，进口的转基因大豆是用来榨油，而榨油后的豆粕则被加工为饲料，不允许被加工为豆浆、豆腐等豆制品。2012年中国本土大豆生产1280万吨，进口大豆5838万吨，共7118万吨。[18]按照一般榨油（副产品为饲料）、调味品、豆制品8：1：1的大豆消耗比例计算，豆制品消耗大豆约712万吨，即使按照本土大豆出口30万吨计算，也有足够的本土大豆制造豆制品，并不需要违法采用转基因大豆来生产。

从上面可以看出，一个对转基因技术和产业并不了解、并非科研机构的行业组织，根据自己的猜测向公众发布"转基因大豆油可能致癌"的报告，并不断释放"转基因大豆在品质和安全性上都差于本地生产大豆"的消息，其行为背后是因为转基因大豆对其自身利益的影响。在中国自产大豆无法满足市场需求的情况下，由于国外大豆价格低于国产大豆，且出油率较高，因此转基因大豆逐渐占据了油料大豆的主体地位，而其成品食用油的低价，更进一步占据了食用油消费市场（超过90%）。而反观国产大豆，由于平均亩产和出油率低且成本高，因此难以与转基因大豆竞争，从而失去了油料大豆及食用油市场，而由于生产非转基因大豆油利润过低，使得东北大豆油生产企业不得不缩减规模甚至停工，这对于黑龙江省大豆协会这个行业组织及众多成员来说，是非常不利的。然而，该协会不从改善中国本土大豆品质和种植结构，提升本土大豆竞争力入手，反而采取对转基因大豆进行无端指责和抹黑的手段，这一行为不禁令人唏嘘。

中国大豆，路在何方？

中国是世界大豆的原产地，有着悠久的栽培历史和丰富的大豆种植资源。按理来说，中国应走在世界大豆种植产业的前列。然而近半个世纪以来，随着农业生物技术的发展，中国从大豆生产大国一路走低，到目前，种植面积和产量已经落后于美国、巴西和阿根廷，而大豆进口量已经超过大豆生产量的4倍，成为大豆进口国。同时使用本土大豆榨油的企业原来越少。中国本土大豆产业，特别是在豆油业的落败，主要由于三个原因。

首先，转基因大豆在国际油料作物市场上占有价格优势。中国大豆生产成本，大约为每公顷8000～8500元[19]，而美国大豆生产成本，则为约每公顷1010美元[20]，可见美国大豆生产成本大约是中国的80％，而阿根廷、巴西的大豆成本更低。因此即使存在关税和国内补贴，对于国内榨油企业来说，在市场非转基因大豆油比转基因大豆油价格高近1倍的情况下，使用进口大豆比使用本土大豆制油仍可以获得更多利润。国产大豆在榨油业的式微也就成为必然。

其次，由于生产成本相对较高，而售价相对较低，中国大豆种植业利润较低，使得农户不愿意种植低经济效益的大豆，而改种经济效益更高的小麦、水稻和玉米等作物，这造成了近年来中国大豆种植面积和产量的下降[18]。

最后，更主要的原因是中国土地面积无法满足中国市场对大豆油的需求。以中国 2012 年为例，中国大豆单产每公顷 1.9 吨，约合每亩 0.127 吨。[18]然而中国 2012 年的大豆总需求量高达 7000 万吨以上（进口转基因大豆油量折合为大豆量），折合成土地需要超过 5.5 亿亩，这对于中国仅有 18.24 亿亩的耕地来说，自给自足无异于是不现实的。因此，进口大豆来满足国内需求缺口是必要的。然而国际市场上的出口大豆主要由美国、巴西和阿根廷提供，而这三个国家种植的大豆主要为转基因大豆，中国进口转基因大豆也就成为了必然。

从上面的数据可以看出，中国本土大豆产业的败退，并非由于进口转基因大豆主动冲击市场，而是由于中国的大豆产量无法满足国内市场需求，只能从国外进口相对便宜的转基因大豆，榨油厂出于对利润的追求，使用便宜的转基因大豆榨油，从而在和本土非转基因豆油的竞争中取得胜利。

那么，中国的大豆产业就没有出路了么？事实上，出路还是有的。中国大豆的优势在于较高的蛋白含量，这对于豆制品的生产是有利的。同时，对于市场来说，比例较低的非转基因大豆会有更高的价格。中国每年会以高价出口20万~30万吨本土大豆，作为中高端食品加工原料，可见，进一步开拓海内外豆制品及中高端食品市场，可以一定程度上增加本土非转基因大豆的利润。黑龙江作为中国优质大豆的产地之一，更需要抓住这一市场。

从全国来看，巨大的需求缺口是现实存在的。这要求中国大豆进一步提高育种水平，提高单产，力争满足市场需求，减少进口量。另一方面，中国也需要加快自身转基因大豆品种的开发，放开并推广转基因大豆的种植，从而降低生产成本，提高农民种植积极性及市场竞争力。通过非转基因大豆和转基因大豆两者的高低搭配，加强中国大豆产业原料的国产化率，达到满足中国市场需求、减少进口的目的。

结论：谣言破解。转基因大豆油消费和致癌之间，并不存在相关性，而"来源于转基因大豆油的维生素 E 会对人体健康造成威胁"更是杞人忧天。组织和个人对于转基因食品的评价应建立于科学的评判之上，而不能因自身利益因素违背科学事实和学界共识。做强中国的大豆产业，依靠的是科学技术的创新和产业结构的调整，打压和污蔑转基因作物是违背科学发展潮流、损人不利己的。

参考资料：

[1]大豆协会. 转基因大豆与肿瘤和不孕不育高度相关.

[2]赵平，陈万青. 2009 中国肿瘤登记年报. 军事医学科学出版社，2010.

[3]中国肿瘤登记年报首发最新版中国癌症地图.

[4]王宁. 中国恶性肿瘤城乡发病差异分析. 中国肿瘤，2013.

[5]韩书婧，魏文强，张澍田，等. 食管癌高发地区人群危险因素的调查研究. 中国全科医学，2012.

[6]张忠，等. 胃癌危险因素病例对照研究. 中国公共卫生，2005.

[7]张继，等. 河南省开封市肝癌危险因素的病例对照研究. 现代预防医学，2009.

[8]检测称散装花生油高致癌物黄曲霉素 B1 超标逾 3 倍.

[9]Rebecca Siegel，et al. Cancer Statistics，2013. CA CANCER J CLIN，2013.

[10]欧阳青，蔡文启. 天然维生素 E 的生物合成途径. 植物生理学通讯，2003.

[11]李桂华，等. 高压液相色谱法测定中国与美国大豆中维生素 E 含量. 河南工业大学学报（自然科学版），2006.

[12]吕培军，薛蕾，伍晓明，等. HPLC 法分析油菜种子油中维生素 E 的组成与含量. 植物遗传资源学报，2011.

[13]陈神清，莫文莲. 高效液相色谱测定玉米油生育酚含量研究. 粮食与油脂，2010.

[14]Agbioworld 网站.

[15]http://voterguide. sos. ca. gov/propositions/37/

[16]吴玮. 简析美国高校科研资金投入的构成. 全球科技经济瞭望，2009.

[17]黑龙江省大豆协会网站.

［18］曲洛凝. 2012 年大豆市场回顾及 2013 年行情展望. 饲料广角，2013.

［19］［2011 期货团体评选］大陆期货：村益为主，大豆面临"豆你完".

［20］http：//www. soystats. com/2012/page _ 12. htm

"转基因作物里发现未知微生物" 是怎么回事？

拟南芥

流言：2011 年 2 月 11 日，美国退役的农业科学家胡伯（Huber）博士给美国农业部部长维尔萨克写信指出，最近在转基因作物中发现一种新的病原体，是导致动物绝种（不孕或流产）的根源。

❦ 真相 ❦

与诸多转基因流言一样，这个流言也是被包装得有模有样，研究啦、数据啦、科学家啦似乎样样俱全，我们不妨来探究一下它是如何诞生的。

缘起

2011 年年初，美国普渡大学的植物病理学退休教授唐·胡伯（Don Huber）给美国农业部写了一封信，声称有一项"重大发现"[1]。胡伯在信中表示，通过电子显微镜，他在孟山都公司的抗草甘膦转基因大豆和玉米中发现一种未知的微生物。这种微生物类似真菌，却只有中等病毒大小。因为草甘膦是这类转基因作物的主要除草剂，所以胡伯认为这种未知微生物要么和转基因作物有关，要么和这些转基因作物所使用的除草剂草甘膦有关。胡伯还表示，这种未知的真菌状生物不仅能让作物患病，还有可能导致家畜流产。

基于以上理由，胡伯博士建议美国农业部应该进行研究，确认这种微生物是否真的和转基因作物有关。

对此，美国农业部表示，鉴于这是一封私人信件，所以他们只会对胡伯博士本人进行回应，而不会把回复公开。不过，种种迹象表明，承认胡伯博士的"发现"还为时过早。

首先，胡伯的"发现"挑战了诸多科学界已有的共识，这些共识不仅仅和转基因有关。比如他发现的这种只有病毒大小的微生物，却类似真菌——如果是真的，那在博物学上是一个大发现，完全可以在很好的学术杂志上发表论文。再比如他声称自己发现的病原体可能可以同时感染植物和动物，而在人类已知的物种中，可以做到这一点的病原微生物少之又少。科学不排斥挑战，但越具有突破性的发现，越需要谨慎的态度去验证，仅仅简单"发现"是远远不够的。

其次，一个可信的研究结果需要提供详尽的研究方法以备他人验证。胡伯博士在信中没有提及任何与研究方法、数据以及合作者有关的信息，他只不过描述了一下他的研究结果，目前来说还很难被认可。

最后，胡伯博士声称他通过电子显微镜拍到了这种"未知微生物"的照片。不过，他并没有公开这张照片，所以别人也无法检验他的发现。不过看过这张照片的植物病理学家保罗·维切利（Paul Vincelli）表示，从这张照片上无法确认拍到的是微生物还是人工的痕迹。维切利认为政府的决策只应该考虑有充足证据的结论，而胡伯博士的"发现"并不完全，也没有在学术会议和杂志上发表。①

可能有人会认为，虽然胡伯博士的研究未必可信，可是为了谨慎起见，应该认为他关于加强转基因作物调控的意见是有理由的。没有人否认应该"谨慎"，可是我们应该如何"谨慎"？类似胡伯博士这样的信件，任何人一个晚上都可以写上好几封，声称在杂交作物、近交作物以及其他任何食物来源中发现了未知微生物，政府是否应该因此改变对这些食物的调控政策？从证据强度上来说，这些信件和胡伯博士的发现是相同的。胡伯博士的结论没有经过同行评议，没有发表在学术杂志上，甚至没有提供方法和数据让别人检验，却

①　植物病理学家 Paul Vincelli 的回应原文：I am also a university-based plant pathologist who happens to have seen the electron micrographs of the proposed "microfungus", shown to me by the lead investigator of that work. Based on what I have seen and learned about this issue, it is still not clear whether those structures are organismal or artifact. Much, much more science needs to be done. I have no financial, professional, or emotional interest in glyphosate, and I want safe food for my family too. I just think policies should be based on sound, evidenced-based information. All of this public debate on this new pathogenic "microfungus" is taking place based on highly speculative, very incomplete research that has not been presented in a single scientific conference nor published in a refereed journal.

和已有的大量的科学发现矛盾。在这种情况下，不应该认为他的这封信是一个可靠的反对转基因作物的证据。

澄清

针对胡伯的这封信，普渡大学的 6 位植物病理学家和农业学家联合发表了一篇文章，澄清了一些关于草甘膦除草剂以及抗草甘膦转基因作物的事实[2]。首先，这 6 位科学家援引文献后指出，已有的一些证据表明，抗草甘膦的转基因小麦和大豆对土壤中真菌的抵抗能力并不比一般的农作物差。而且，即使施加了草甘膦除草剂，它们的抵抗力都不会下降[3][4]。更何况草甘膦对一些真菌也有抑制作用，所以还可以保护作物，减少感染真菌病的可能性。虽然一些有限的研究也提出了草甘膦有可能同时影响作物的抵抗力的观点，不过这并不代表草甘膦会影响作物的产量。因为草甘膦可以有效地除草，而杂草对作物产量的影响要大得多。

此外，文章还对一些类似的谣言，例如著名的反转基因人士杰弗瑞·史密斯（Jeffery Smith）曾发文声称草甘膦导致的植物疾病有 40 多种，进行了反驳。首先，这些说法既没有以合适的方式在科学界发表，更没有接受过任何靠得住的检验。其次，植物疾病的爆发和多种因素有关。在大规模使用草甘膦的 30 年历史中，没有任何一次影响产量的植物疾病爆发是由这种除草剂引发的。只在使用草甘膦的作物中出现疫病流行的说法没有根据。

最后文章得出结论，声称抗草甘膦的转基因作物对植物病原体更加敏感的说法并没有科学根据。种子生产商不应该根据这些言论改变对草甘膦的使用。

事实上，我们应该更加关注草甘膦的有效性，以及对人体和环境的安全性。因为如果一种除草剂直接影响了作物的产量，无论"帝国主义跨国公司"如何使尽推广，这种除草剂也会很快从市场上消失。而草甘膦最大的优点就是和同类产品相比，对人体的毒性很低。草甘膦不仅没有急毒性，也未发现致癌性和致畸性，而且不容易被人体吸收，不会在体内积累。和每年导致几千人死亡的百草枯相比[5]，草甘膦无论对于农民还是消费者来说，都是更加安全的选择。

流言传播的样本

胡伯博士所引起的争议，其实本身并不大，但有趣的是，这次事件成了一个很典型的流言传播的样本。因为可以清楚地发现，当这封信的内容进入中文网络的时候，出现了很大的扭曲。这种扭曲，对于那些对谣言传播感兴趣的人来说，也许很有意义。

2011 年 2 月 23 日，有人在中文互联网界介绍了这封信，并很快引起了一些反转基因者的注意。这些人在相当长的一段时间里拿着它翻来覆去地说着车轱辘话，同时歪曲了信件的内容，逐渐把这个事件变成了一场闹剧。

对比一下胡伯博士信件的原始版本和国内的宣传，会发现有以下几点显著的差别：

首先是对"未知病原体"的描述不同。胡伯博士对他认为可能存在的未知病原体的描述相对来说谨慎。他认为这是一种未知的（unknown），类似真菌的（fungal-like）生物。不过到了转述者嘴里，就成了一种"怪异"的生物。此外，转述者多次暗示这种微生物是病毒，还有人一口咬定这种可能性，不止一次地直接把这则新闻里的未知微生物直接翻译成病毒。把未知真菌状生物说成病毒，要么是缺乏基本的生物学常识，混淆了真菌和病毒的巨大差异；要么是觉得"病毒"这种东西听起来更可怕，宣传起来更有冲击力。

其次是，解读者对"未知微生物"的分析解释添油加醋。胡伯博士在信中说，这种微生物较多地存在于抗草甘膦的转基因作物中，可能和植物疾病以及动物生育能力减弱有关联。不过，胡伯博士也同时表示，这种关联并没有被现有的实验完全确认，需要进一步的研究。同时，他也没有提到这种未知的微生物为什么会出现在抗草甘膦转基因作物中，以及这种微生物致病的机理。不过，转述者似乎比胡伯博士要肯定得多。有人甚至提出了一个关于这种"病毒"产生的理论："转基因生物技术切割DNA，重组、强化、控制DNA片段，最坏的后果，就是激活新病毒，病毒就是一段DNA。"且不说这种理论是否真实，是否适用于这个案例，把病毒当成"一段DNA"的说法实在是匪夷所思。这个世界上有几个病毒是一段DNA？

最后，反转的解读者针对此发现的评论以及应对方法与原作者完全不同。胡伯博士的发现仅仅限于抗草甘膦的转基因作物，这只是一类转基因。而且，即使是针对这一类转基因作物，胡伯博士也没有要求美国农业部完全禁止，而是停止美国现有的对转基因作物不加管制的调控政策，同时也没有否认抗草甘膦转基因作物可能是无辜的，所以需要进一步的研究。如果新的研究发现所谓的未知微生物是子虚乌有，或者至少和转基因作物没有任何关系，再恢复现在的对抗草甘膦作物不加管制的状态也不迟。

不过唯恐天下不乱的反转者就肯定得多了，直截了当地认为，这一"发现"说明"转基因已经完蛋了，彻底失败了，彻底暴露了"！至于应该如何应对，他们没有任何意外地认为，转基因作物应该被彻底禁止，而且那些支持转基因的人应该"向人民投降"，"接受人民的审判"。

参考资料：

[1] Huber D. A letter to Secretary of Agriculture.

[2] Camberato J，Casteel S，Goldsbrough P，et al. Glyphosate's Impact on Field Crop Production and Disease Development.

[3] Baley G J，Campbell K G，Yenish J，et al. Influence of glyphosate，crop volunteer and root pathogens on glyphosate-resistant wheat under controlled environmental conditions. Pest Management Science，2009.

［4］Bradley C A，Hartman G L，Wax L M，et al. Influence of herbicides on Rhizoctonia root and hypocotyl rot of soybean. Crop Protection，2002.

［5］张爱琴，周祥. 百草枯中毒的急救护理进展. 实用临床医药杂志（护理版），2010.

作者简介

ZC：食品安全专业

山要：现在北卡州立大学从事作物抗病研究

DRY：渔业研究人员，动物学博士

青蛙陨石：环境地理学博士，环境污染领域科研人员

少个螺丝：乳品专业博士

箫汲：神经胃肠病学博士生

drfanfan：食品安全博士

叫我石榴姐：从事生物医学教育行业

阮光锋：科信食品与营养信息交流中心副主编，从事食品安全信息交流工作

馒头家的花卷：前生化试剂行业从业者，现为一名技术图书译者

风飞雪：植物分子生物学博士生

花落成蚀：动物学专业

全春天：口腔医师，在职博士生

赵承渊：医学博士，外科医生

绵羊 C：细胞生物学硕士，现从事医药研发

Sheldon：理论物理学博士

暗号：畜牧学硕士

夏天的陈小舒：公共卫生博士，从事儿童营养与健康研究

顾有容：植物学博士

范志红：中国营养学会理事，食品科学博士

冷月如霜：植物细胞生物学博士生

S. 西尔维希耶：微生物学博士

qiuwenjie：食品科学与工程专业，现为粮油行业从业人士

CFSA _钟凯：食品安全博士，副研究员

连博连博：作物遗传育种硕士生

Birnyzhang：预防兽医学硕士

C. CristataX：生物学专业

拟南芥：生物科学作者

本书所有文章均为果壳编辑和作者共同协商选题的特约稿，但少数几位作者因联系方式变更无法知会出版信息，还请见谅，望看到书后和果壳阅读联系。

元素周期表

周期 \ 族	I A (1)	II A (2)	III B (3)	IV B (4)	V B (5)	VI B (6)	VII B (7)	VIII (8)	VIII (9)	VIII (10)	I B (11)	II B (12)	III A (13)	IV A (14)	V A (15)	VI A (16)	VII A (17)	0 (18)
1	1 H 氢 $1s^1$ 1.008																	2 He 氦 $1s^2$ 4.003
2	3 Li 锂 $2s^1$ 6.941	4 Be 铍 $2s^2$ 9.012											5 B 硼 $2s^22p^1$ 10.81	6 C 碳 $2s^22p^2$ 12.01	7 N 氮 $2s^22p^3$ 14.01	8 O 氧 $2s^22p^4$ 16.00	9 F 氟 $2s^22p^5$ 19.00	10 Ne 氖 $2s^22p^6$ 20.18
3	11 Na 钠 $3s^1$ 22.99	12 Mg 镁 $3s^2$ 24.31											13 Al 铝 $3s^23p^1$ 26.98	14 Si 硅 $3s^23p^2$ 28.09	15 P 磷 $3s^23p^3$ 30.96	16 S 硫 $3s^23p^4$ 32.06	17 Cl 氯 $3s^23p^5$ 35.45	18 Ar 氩 $3s^23p^6$ 39.95
4	19 K 钾 $4s^1$ 39.10	20 Ca 钙 $4s^2$ 40.08	21 Sc 钪 $3d^14s^2$ 44.96	22 Ti 钛 $3d^24s^2$ 47.87	23 V 钒 $3d^34s^2$ 50.94	24 Cr 铬 $3d^54s^1$ 52.00	25 Mn 锰 $3d^54s^2$ 54.94	26 Fe 铁 $3d^64s^2$ 55.85	27 Co 钴 $3d^74s^2$ 58.93	28 Ni 镍 $3d^84s^2$ 58.69	29 Cu 铜 $3d^{10}4s^1$ 63.55	30 Zn 锌 $3d^{10}4s^2$ 65.39	31 Ga 镓 $4s^24p^1$ 69.72	32 Ge 锗 $4s^24p^2$ 72.64	33 As 砷 $4s^24p^3$ 74.92	34 Se 硒 $4s^24p^4$ 78.96	35 Br 溴 $4s^24p^5$ 79.90	36 Kr 氪 $4s^24p^6$ 83.80
5	37 Rb 铷 $5s^1$ 85.47	38 Sr 锶 $5s^2$ 87.62	39 Y 钇 $4d^15s^2$ 88.91	40 Zr 锆 $4d^25s^2$ 91.22	41 Nb 铌 $4d^45s^1$ 92.91	42 Mo 钼 $4d^55s^1$ 95.94	43 Tc 锝 $4d^55s^2$ [98]	44 Ru 钌 $4d^75s^1$ 101.1	45 Rh 铑 $4d^85s^1$ 102.9	46 Pd 钯 $4d^{10}$ 106.4	47 Ag 银 $4d^{10}5s^1$ 107.9	48 Cd 镉 $4d^{10}5s^2$ 112.4	49 In 铟 $5s^25p^1$ 114.8	50 Sn 锡 $5s^25p^2$ 118.7	51 Sb 锑 $5s^25p^3$ 121.8	52 Te 碲 $5s^25p^4$ 127.6	53 I 碘 $5s^25p^5$ 126.9	54 Xe 氙 $5s^25p^6$ 131.3
6	55 Cs 铯 $6s^1$ 132.9	56 Ba 钡 $6s^2$ 137.3	57~71 La~Lu 镧系	72 Hf 铪 $5d^26s^2$ 178.5	73 Ta 钽 $5d^36s^2$ 180.9	74 W 钨 $5d^46s^2$ 183.8	75 Re 铼 $5d^56s^2$ 186.2	76 Os 锇 $5d^66s^2$ 190.2	77 Ir 铱 $5d^76s^2$ 192.2	78 Pt 铂 $5d^96s^1$ 195.1	79 Au 金 $5d^{10}6s^1$ 197.0	80 Hg 汞 $5d^{10}6s^2$ 200.6	81 Tl 铊 $6s^26p^1$ 204.4	82 Pb 铅 $6s^26p^2$ 207.2	83 Bi 铋 $6s^26p^3$ 209.0	84 Po 钋 $6s^26p^4$ [209]	85 At 砹 $6s^26p^5$ [210]	86 Rn 氡 $6s^26p^6$ [222]
7	87 Fr 钫 $7s^1$ [223]	88 Ra 镭 $7s^2$ [226]	89~103 Ac~Lr 锕系	104 Rf 𬬻* $(6d^27s^2)$ [261]	105 Db 𬭊* $(6d^37s^2)$ [262]	106 Sg 𬭳* $(6d^47s^2)$ [263]	107 Bh 𬭛* $(6d^57s^2)$ [264]	108 Hs 𬭶* $(6d^67s^2)$ [265]	109 Mt 鿏* $(6d^77s^2)$ [268]	110 Ds 𫟼* [269]	111 Rg 𬬭* [272]	112 Uub [277]	113 Uut [284]	114 Uuq [289]	115 Uup [288]	116 Uuh [292]	117 Uus unknow	118 Uuo [294]

镧系

57 La 镧 $5d^16s^2$ 138.9	58 Ce 铈 $4f^15d^16s^2$ 140.1	59 Pr 镨 $4f^36s^2$ 140.9	60 Nd 钕 $4f^46s^2$ 144.2	61 Pm 钷 $4f^56s^2$ [145]	62 Sm 钐 $4f^66s^2$ 150.4	63 Eu 铕 $4f^76s^2$ 152.0	64 Gd 钆 $4f^75d^16s^2$ 157.3	65 Tb 铽 $4f^96s^2$ 158.9	66 Dy 镝 $4f^{10}6s^2$ 162.5	67 Ho 钬 $4f^{11}6s^2$ 164.9	68 Er 铒 $4f^{12}6s^2$ 167.3	69 Tm 铥 $4f^{13}6s^2$ 168.9	70 Yb 镱 $4f^{14}6s^2$ 173.0	71 Lu 镥 $4f^{14}5d^16s^2$ 175.0

锕系

89 Ac 锕 $6d^17s^2$ [227]	90 Th 钍 $6d^27s^2$ 232.0	91 Pa 镤 $5f^26d^17s^2$ 231.0	92 U 铀 $5f^36d^17s^2$ 238.0	93 Np 镎 $5f^46d^17s^2$ [237]	94 Pu 钚 $5f^67s^2$ [244]	95 Am 镅 $5f^77s^2$ [243]	96 Cm 锔 $5f^76d^17s^2$ [247]	97 Bk 锫 $5f^97s^2$ [247]	98 Cf 锎 $5f^{10}7s^2$ [251]	99 Es 锿 $5f^{11}7s^2$ [252]	100 Fm 镄 $5f^{12}7s^2$ [257]	101 Md 钔 $5f^{13}7s^2$ [258]	102 No 锘 $5f^{14}7s^2$ [259]	103 Lr 铹 $5f^{14}6d^17s^2$ [262]

0族电子数 / 电子层

周期	电子层	0族电子数
1	K	2
2	L, K	8, 2
3	M, L, K	8, 8, 2
4	N, M, L, K	8, 18, 8, 2
5	O, N, M, L, K	8, 18, 18, 8, 2
6	P, O, N, M, L, K	8, 18, 32, 18, 8, 2